U0162795

眼

HORIZONS

界

人类观天手段之沿革
The Evolution of Astronomical Observations

深圳博物馆　编

展览委员会

主　　任：叶 杨

副 主 任：郭学雷　蔡惠尧　杜鹃

展览统筹：杜 鹃

展览协调：乔文杰　刘红杰

展览策划：杜 鹃　李百乐　刘红杰　杨 兰

大纲撰写：李百乐　杨 兰

专家审核：齐 锐　袁 峰　钟 靖

展品筹措：刘红杰　李百乐　杨 兰

文字校对：龚宴欣　刘茗枫

形式设计：周艺璇　邹淑文　谭冰晶

展览顾问：朱达一

陈列布展：刘红杰　李百乐　杨 兰　韩 蒙　龚宴欣　刘茗枫　董 杰
　　　　　乔文杰　周艺璇　邹淑文　谭冰晶　冯艳平
　　　　　曹 军　郭 霞　马 劲　张 鑫

教育推广：刘 琨　梁 政　黄宗晞　饶珊轶　赖聪琳　郭嘉盈

文物保护：卢燕玲　杜 宁　岳婧津

馆办支持：李 军　闫 明　曾裕彤

后勤保障：刘剑波　陈丹莎　李文田　秦 燕　邵 扬　陈 丹　祁 静　刘 磊　杨志民
　　　　　李 慧　冯思瑜　王奕萍

讲解服务：王 彤　罗洁仪　袁 旭　王苑盈　孔美玉　池艺云　杨 程　姜 楠　刘秋宏
　　　　　刘文君　王瑾瑜　傅美玲　傅书珍　马婧婉

信息技术：海 鸥　高 原　花蓓蓓　杨 帆　罗宇鹏

安全保卫：肖金华　崔思远　黄雨嫣　蓝梓龙

图书资料：李维学　吕 虹　张嘉瑜　邹佳垚　刘 倩

展览摄影：黄诗金　张 森　方惠妙

主办单位：深圳博物馆　中国国家博物馆　北京天文馆　上海科技馆

支持单位：深圳市天文台

图录编辑委员会

致辞

日月安属星安陈——寄语"眼界"

自古以来，光辉的日月、灿烂的星空就吸引着各古老文明人们的目光，中国的古人对天空更是充满敬畏。从望天到敬天，再到观天，人们始终在寻找宇宙的起源，体悟生命的意义，思考灵魂的归宿。先人们对天空的认知，以及赋予它的寓意，远远超出了今天我们的想象。

"天文是科学之祖，文化之母。"无论是东方还是西方，天文学都是最早起源的学问之一。关于日月星辰的思考，是文明最早的天问。这不单单是要满足人们的好奇心，更主要是来自于人类社会生活生产实践的需要。在文明的早期，要生存下去，就要搞清楚为什么会有白昼黑夜、寒来暑往，分辨哪里才是家的方向。自从文艺复兴、科学启蒙开始，数百年来，天文学走上近现代发展之路，它的每一个发现都推动了人类科学的巨大进步，对人类的世界观亦产生一次又一次深远的影响。

本展览以"眼界"为题，更以人类宇宙观的眼界为线索，将人类探索未知宇宙的历程娓娓道来。这里汇集多家博物馆的珍藏，以实物和文献等形式，向观众展现中西方各具特色的宇宙观，以及 6000 多年历史长河中，人类文明取得的天文成就。"见物见精神"，策展者将科学的物质文化充分融入每个展项中，处处体现人与科学的互动，使得科学普及和文化传承相得益彰。展览以激发孩子们的科学兴趣为目的，针对深奥的哲学理念和高科技探测手段，创新性地推出多种互动展项，由近及远，深入浅出，寓教于乐，使人大开眼界。

2000 多年前, 屈原面对苍穹发出千古追问, "日月安属, 列星安陈"。时至今日, 宇宙的终极奥秘仍然尚未揭开。然而, 对宇宙未知的好奇心, 推动着一代又一代人前赴后继去探索。每一个成就, 每一位探索者, 都是历史天空中的点点繁星, 人类文明每一重眼界的扩展, 都饱含着坚持和付出。抬头仰望, 星辰大海, 那里也许曾是生命的来处, 也将成为人类的归宿。

齐　锐

北京天文馆副馆长

序言

　　自然历史是展览重要母题之一，近年各博物馆尝试打破自然类博物馆与人文历史类博物馆之界限，打破自然历史和人文历史之界限，以多维视角策划展览、阐释主题，展览构架形式和主旨也从单一转向复合。这种变化是展览策划理念发展的结果，亦是社会意识对自然生态和自我认知诉求发展的结果。值此之际，深圳博物馆联合北京天文馆、上海科技馆、中国国家博物馆，策划推出"眼界——人类观天手段之沿革"展览。

　　正如副标题所言，该展览以全人类视角讲述观察宇宙方式演变历程，涉及中国古天文学史、西方现代天文学史、观天技术发展史、当代航天探月工程等，杂糅于观测技术演进一脉。泛言之，科学由科技和学科组成，学科再细分为学科理论和学科史，科技再细分为技术理论和技术应用。"眼界"展以观天技术应用为切入点，以观天技术发展为主线，附以天文学科理论、技术理论和学科发展史多重副线，意图将学科概念透过展览传达给观众，从而实现科普目的。其次，该展览紧扣当下社会热点。2021年，"天和""天问一号""嫦娥五号"等航天器带着中国人千年想象和浪漫主义诗情，遨游太空。在航天大年适时推出相关主题展览，体现了博物馆的社会责任意识。再者，该展览涵盖时空维度大，从古至今，从西到东，试图全景展示人类观察地外世界技术发展，从而说明人类宇宙观的形成和变化。正如展览结尾投映着屈原的《天问》，震烁古今的发问恰是几千年来推动人类探索宇宙的原动力。优秀的自然科普展览需要有人文视角，人文关怀。"眼界"展是一次尝试，也是一次实践。

　　自然科学主题类展览之目的，是一个有必要反复阐释的话题，乃为展览策划之初心。归结有三：1. 展示总结学科阶段性研究成果，探讨人与自然和谐共处之道；2. 保存研究自然遗产，从而探究如何善待自然；3. 教育普化自然知识，达到学科启蒙和影响公众自然价值观作用。这三个目的恰恰涵盖了展览审美的三个层次。

　　展览审美表达的第一层次是科学、严谨。展览大纲应知识准确、行文严谨，展品真实、陈列有序。审美表达的第二层次是呈现规律。通过展览逻辑表达认知世界的规律，在学科基本命题和学科思维层面对人类社会行为和集体认知进行总结。审美表达的第三层次是人文关照。一个好的展览在遵循社会主流意识基础上必须有自己的态度，关照社会现实，表达价值观。自然类展览的科普不仅仅是知识普及，更应该成为孩子对学科、自然历史认知的启蒙；社会对自然环境、人与自然关系科学认识的宣教；国家对科学、技术战略发展的宣传。策划自然科学类主题展览，深圳博物馆团队初露头角，任重道远，吾辈砥砺前行。

　　"眼界——人类观天手段之沿革"展览的推出要感谢中国国家博物馆、北京天文馆、上海科技馆的鼎力支持，大部分展品是第一次出馆展出。明星展品"月壤"能如期到馆展出，中国国家博物馆多方协调，付出很多努力。"望远镜"是该展最大的明星阵容，品类、年代、制造工艺齐全，序列明晰，是北京天文馆经年收藏，也是展览里观众最好奇的部分。而家庭观众长时间驻足的是展览第一部分，展品来自上海科技馆，形象而唯美地展示中国古天文学经典知识。十分感谢各馆对深圳博物馆的信任与支持。

　　深圳博物馆自然展策展团队定如策展初心，全力以赴，达睹微知著之的，期尽善尽美。"眼界"展是一次学习，也是一次自我提升。

杜　鹃

深圳博物馆副馆长

目录

前言

千百年来，仰首即是的璀璨星河一直是人类最自然的陪伴，人类也从未停止对它的探索。通过观察星空，各个时代的人们都在构建属于自己的宇宙图景。从太阳系到银河系到河外星系，人类的眼界在逐渐扩大，这些都得益于观测手段的逐步革新。本展览由深圳博物馆、中国国家博物馆、北京天文馆和上海科技馆联合主办，展出了中国"嫦娥五号"带回的月壤、浑仪复制品、陨石、天文古籍、邮票及来自英、法、德、美等国的 40 余架 18 世纪以来的古董望远镜等文物，讲述人类观天手段从裸眼到使用望远镜到太空观测的发展过程及在此过程中人类对宇宙认知的变化。

Foreword

For thousands of years, the sky has been the natural companion of humanity, and human beings have never stopped exploring it. Throughout history, people have created their own understanding of the cosmos by observing the starry sky. From the solar system to the Milky Way and the galaxies beyond, humanity's horizons have steadily extended, thanks to the innovation in observational instruments. Jointly sponsored by Shenzhen Museum, National Museum of China, Beijing Planetarium and Shanghai Science and Technology Museum, this exhibition showcases a sample of lunar soil collected by Chang'e-5, a replica of an armillary sphere, meteorites, ancient astronomical books, stamps and more than forty antique telescopes from Britain, France, Germany and the United States dating from the 18th century, as well as other material. The exhibition tells the story of the development of observing the heavens by the naked eye, using telescopes and space probes, and how our understanding of the universe has grown and grown during this amazing journey.

目之所及

　　古时候，人们仅用裸眼观看星空，可以看到太阳、月亮、五大行星（金、木、水、火、土）及南北半球各约 3000 颗恒星，正是这些使人们对时间和空间有了认识，以此来制定历法和辨别方向。古人认为，天上星象的变化会预示人间事务的吉凶，因此占星术在历史上对各国政治均有广泛影响。

1
意象

　　太阳、月亮及五大行星的运动和夜空中不变的恒星背景图案是古人很早就注意到的。古代各国人民把对太阳和星空的崇拜体现在生活中的各个方面，如器物、文字、建筑等。古人用已知的时空规律来范制行为，其宇宙观、政治观、宗教观的形成过程与古人对天空的观察息息相关。

西水坡 45 号墓葬

微缩仿制品，上海科技馆提供
原件藏于中国国家博物馆

龙、虎、北斗图为现今传世最久远的星图，距今约 6000 多年。出土于河南濮阳西水坡。出土时，墓主人头南足北而卧，由蚌壳拼砌成的龙形图案和虎形图案分别在墓主东、西二侧。墓葬示意图显示，完整的墓葬中，墓主足下有用人胫骨和蚌壳拼成的图案。根据陪葬品和人殉可知，墓主生前具有极高地位和权力。目前学界对该墓葬反映的文化面貌有两种解读：其一，认为墓主是巫师，蚌塑的龙和虎是帮助巫师的神兽；其二，认为该墓葬反映古人对天象的认知。考古学家冯时认为，墓主足下用人胫骨和蚌壳拼成的图案象征北斗，墓主身侧的蚌塑是青龙、白虎。

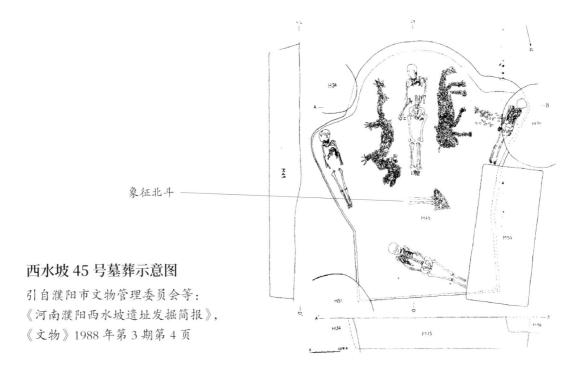

西水坡 45 号墓葬示意图

引自濮阳市文物管理委员会等：
《河南濮阳西水坡遗址发掘简报》，
《文物》1988 年第 3 期第 4 页

象征北斗

太阳神鸟金箔

复制品，上海科技馆提供
原件藏于金沙遗址博物馆
外径 12.5、内径 5.29、厚 0.02 厘米
图片引自金沙遗址博物馆官网 http://www.jinshasitemuseum.com/Treasure

出土于四川成都金沙。该遗址为商周时期（距今约 3000 年）遗址。金箔内层的旋涡形状很像旋转的火球，是一种代表太阳的图案，其向四周喷射出十二道光芒，并有四只火鸟环绕。《山海经》中还有"金乌负日"的神话传说，即四只太阳鸟托负着太阳在天上飞过。太阳是天空中最亮的天体，是古人最早就注意到的天体之一。

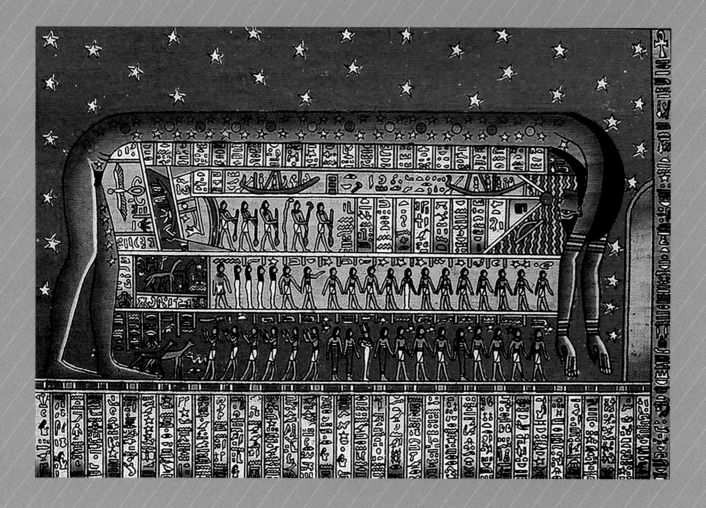

古埃及宗教中的天空女神努特

努特女神是古埃及神话中的天空之神，在其他神话中天神常以男性形象出现。努特被描绘成一个在大地上拱起的女人，是众星辰之母，是古埃及神话中九位最重要的神祇之一。对她的崇拜反映了古埃及人对天空的崇拜。

何尊

复制品，上海科技馆提供

原件藏于宝鸡青铜器博物院

通高 38.5、口径 29、圈足底径 20×20 厘米

图片引自宝鸡青铜器博物馆院官网 http://www.bjqtm.com.cn/xcjy/kyzt/2022-01-06/671.html

出土于陕西省宝鸡市陈仓区。尊内底部铸铭文，其中"唯武王既克大邑商，则廷告于天，曰：'余其宅兹中或（国），自之义民'"，意为武王灭商后告祭于天，以此地作为天下的中心，统治民众。这是目前所知"中国"（图中红线圈出部分）一词的最早出现。此处的"中国"是体现地理方位的，与现代使用的"中国"指代国家，含义不同。"仰则观象于天，俯则观法于地"（《周易·系辞》），古人对时间和空间的认知是在对天地周期变化的观察中建立的。

天坛祈年殿——与天同构的祭天建筑群

幻灯片展项，上海科技馆提供

位于北京天坛北端的祈年殿是祈求谷物丰收的祭坛，建于明永乐年间，原是方形殿宇，于嘉靖二十四年（1545年）修建时改为圆形三重檐建筑，使建筑形式更具体地呈现了"天圆地方"的思想内涵。这座建筑内部的木结构结合了历法观念，以中央四根巨大金柱象征四季，撑起圆形藻井，而二十四根内外柱则分别代表十二个月与十二个时辰，其总和之数又隐喻着二十四节气，反映了"天人合一"的思想。将一年分为十二个月来自于古人对月相的观察，而也将一天分为十二个时辰，可能是对十二这个数的一种推广应用。中国古人观天始终在科学与文化两方面持续发展，在科学方面发展出古代天文学，在文化方面持续探究"天人关系"这一基本命题，形成独特传统文化。在农耕文明为主导的古代中国，农作等生产活动需依天时而行，因此观天的能力和与天沟通的能力即是中国古代权力的底层逻辑，而中国古代部族祭祀权力和政治权力往往合一于部落首领或族长，换言之部落的巫师和首领是同一个人。因此，王权即神权，天子就是天之子。历朝历代，天地祭祀始终掌握在中央政权手中。

2
星座

　　古代各国人民为了辨识星空，不约而同地根据恒星在天空中的位置，对它们就近分组。古希腊人将这些恒星组以神话中的英雄、事物命名，称为星座。中国古人以人间万物来命名恒星组，如王侯将相、亭台楼阁等，将人间世象投影到天空中，称为"星官"，其中的三垣二十八宿共三十一个星区占有重要地位。二十八宿又被就近分成四组，叫作四象（青龙、白虎、朱雀、玄武），每象包含七个星宿。

星云纹铜镜

深圳博物馆藏

直径 11、厚 1.5 厘米

西汉时期制。铜镜上的星云纹很可能是古人对所观察天象的体现。

"玉匣"四神纹铜镜

深圳博物馆藏
直径14、厚0.4厘米

隋朝时期制。铜镜外圈饰有铭文一圈，顺时针旋读："玉匣聊开镜，轻灰暂拭尘。光如一片水，影照两边人"。内圈饰青龙、白虎、朱雀、玄武四神。四神，原指代二十八星宿的四个分区，代表四个方位，是古人对星象宇宙的认识。

四神瓦当

西北大学历史博物馆藏
图片引自《百年学府聚珍——西北大学历史博物馆藏品集》第102页（文物出版社，2002年）

汉代瓦当中，以青龙、白虎、朱雀、玄武四神作为图案的最具代表性。四神各为一方之神，分属东、西、南、北四方。

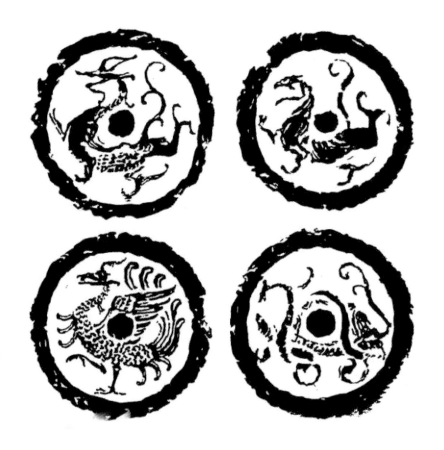

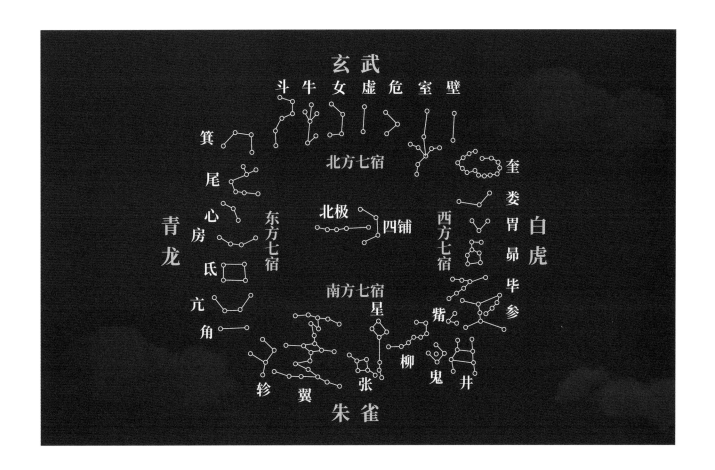

四象

图中展示了青龙、白虎、朱雀、玄武四象，每象由七个星宿组成。由于地球公转，星象也随季节周期性变化，每个季节可以看到完整的一象及相邻两象的一部分。春夏秋冬四季依次可以看到完整的青龙、朱雀、白虎和玄武。很多谚语都与四象有关，比如"二月二，龙抬头"指的就是青龙这一象中代表龙头部分的角宿，会在春季，在东方的地平线升起，而在冬季，青龙的七宿全部隐没在地平线以下。二十八星宿中的每一宿都有一颗星被选为距星，标注在浑仪的赤道环上，作为参照点，用来标注天体的入宿度，即天体距离其西边最近的一个星宿的角度。入宿度是对天体赤经的一种表示方法。

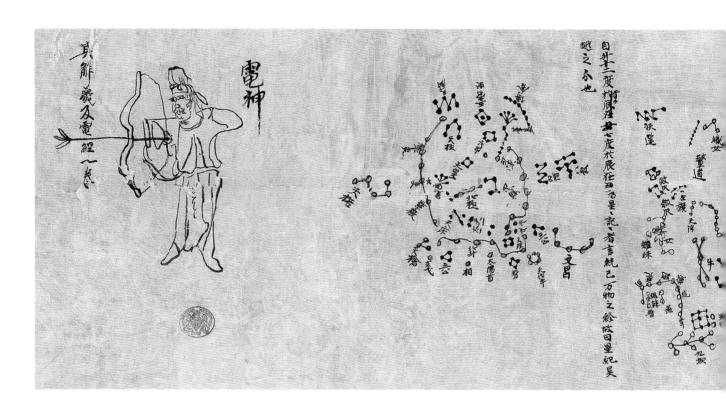

敦煌卷子星图

复制品，上海科技馆提供

原件藏于大英图书馆

长 210、宽 24.4 厘米

全世界现存最早的纸质星图，发现于敦煌藏经洞，抄写时代约在唐代（约 8 世纪初）。1907 年流落至英国。全图共 278 个星官，1348 颗星，是由圆图和横图相结合的全天星图。

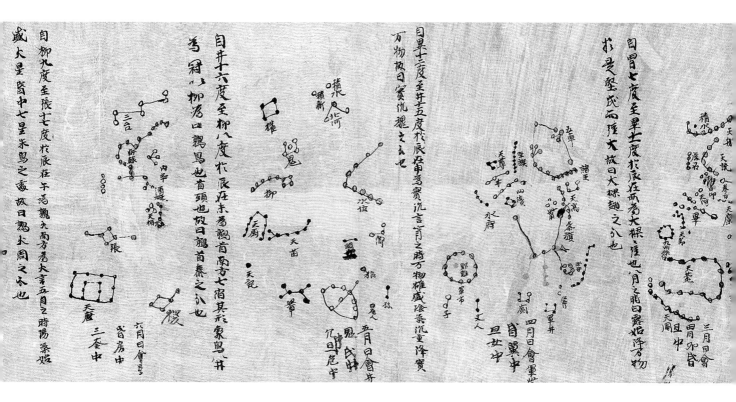

自胃七度至畢十一度於辰在酉為大梁

於是堅成而隆大城曰大梁殺之分也八月之節曰露始降萬物

三月日會 胃卯昏 昴 旦中 天囷

自畢十三度至井十五度於辰在申為實沈言肖之時萬物雜咸陰氣沈重降實

萬物故曰實沈殂之分也

四月日會畢 旦井 目翼中 昴女中

五月日會井 旦成中 昴旦危宿

自井十六度至柳八度於辰在未為鶉首言鶉鳥也七宿其形象鳥井

為冠以柳為口鶉昌也首頸也故曰鶉首秦之分也

六月日會井 昴房中 假 三台

自柳九度至張七度於辰在午為鶉火南方為大言五目之時陽氣始

盛大星皆中七星朱鳥之象故曰鶉火周之分也

赫维留星图（北半球）

根据波兰天文学家约翰内斯·赫维留（1611—1687 年）裸眼观测绘制，是最后一幅不用望远镜观测绘制的星图，于其去世三年后发表。

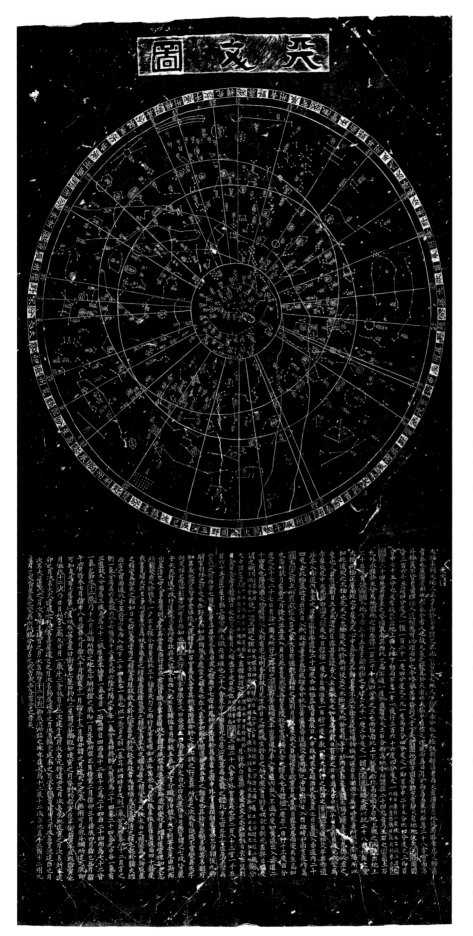

苏州石刻天文图

上海科技馆供图

苏州碑刻博物馆藏

世界上现存最古老的根据实测绘制的全天石刻星图，刻于南宋淳祐七年（1247 年）。根据北宋元丰年间（1078—1085 年）的观测结果所刻，全图共刻恒星 1434 颗。星图直径约 91.5 厘米，按照中国古代传统的"盖图"方式绘制。它以天球北极为圆心，画出三个同心圆，由内向外依次代表开封地区（约北纬 35 度）的恒显圈、天赤道和恒隐圈。自恒显圈发散的线段共计二十八条，是通过二十八宿距星（每一宿中取作定位的标志星）的经线，其下与恒隐圈交点处标注为宿度。两圈间交叉注有与二十八宿相配合的十二辰、十二次和州、国分野等各十二个名称。黄道为一偏心圆与赤道相交于两点，银河带斜向贯穿星图。下半部的刻字是对图的解释说明。

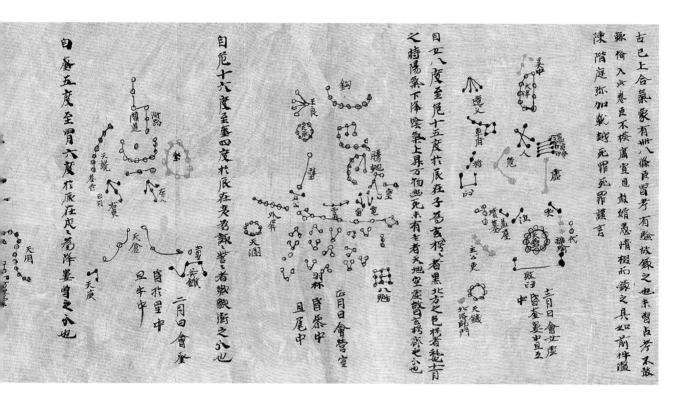

古已上合氣象有卅八條臣習考有驗故錄之也案曽臣考不敢
竊偷入此卷臣不揆膚冒輙敢繕恐情橿而錄之具如前件謹
陳階庭弥加載越死罪死罪謹言

自女八度至危十五度於辰在子為玄枵者黑北方之色枵者虚青
之時陽氣下降陰氣上升万物幽死未有生者天地空虚曽玄枵齊之之也

自危十六度至奎四度於辰在亥名娵訾者歎聲之之也

自奎五度至胃六度於辰在戌之為降婁胃之之也

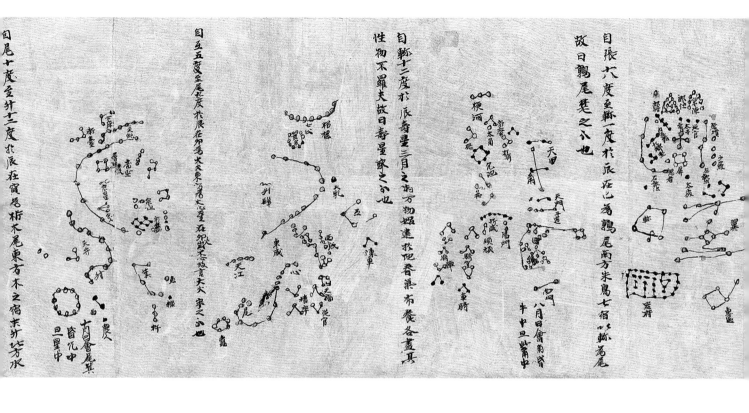

自張六度至軫一度於辰在巳為鶉尾兩方朱鳥七宿以軫為尾故曰鶉尾楚之分也

自軫十二度於辰星三月之南方物姹連於他卷蒅布養各盡其性物不羅夫故曰壽星鄭之分也

自互五度至房九度於辰在卯為大火東方蒼龍心星在於微志故言大火宋之分也

自尾十度至斗十二度於辰在寅為析木尾東方木之宿夫析以芳水

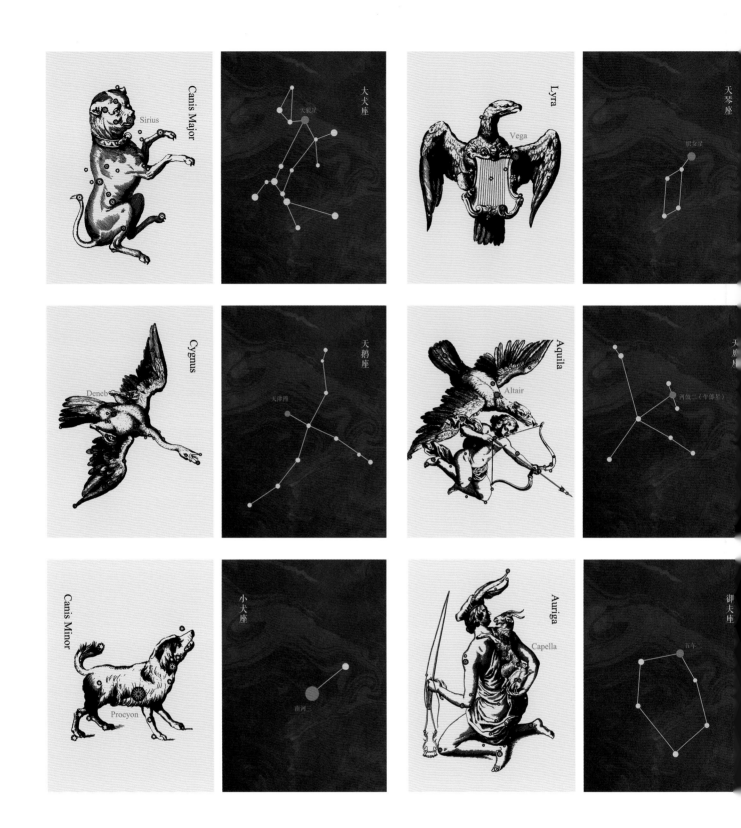

东西方亮星对比

展项，上海科技馆提供

该展项展示了同一颗亮星的东西方名称。

Orion

Betelgeuse

Rigel

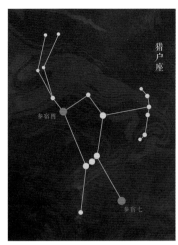

猎户座

参宿四

参宿七

Carina

Canopus

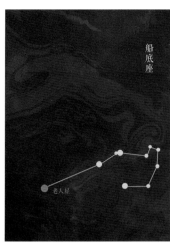

船底座

老人星

Perseus

Algol

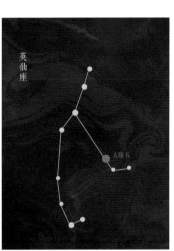

英仙座

大陵五

Pegasus

Algenib

Markab

Alpheratz

Scheat

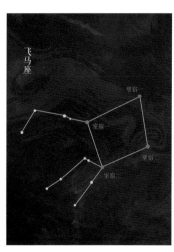

飞马座

壁宿一

室宿一

室宿二

壁宿二

3
精度

为了提高观测精度，我国古人发明了十余种天文仪器，如圭表、水运仪象台、浑仪和简仪等。欧洲有纪限仪和象限仪等。这些仪器一般被安置在古天文台上。

陶寺古观象台

微缩复原模型，上海科技馆提供

2004 年，于山西尧都陶寺祭祀遗址中发现，约建于公元前 2100 年。观象台呈半圆形平台，有 3 个圈层的夯土结构。夯土上原来竖立着 13 根石柱，石柱高约 5 米，古人透过柱与柱之间 15—20 厘米的缝隙观测正东方向塔儿山的日出，确定当时的节气。该古观象台表明在新石器时代晚期已经初步形成天文学体系。人们已经掌握一定程度的历法，能制造观测工具，能熟练运用工具观测天象，确定节气，依时而作。

英国巨石阵

据推测大约建于公元前 2300 年，是英国最重要、最神秘的历史遗迹之一。一圈高大的石块与一些竖立的巨石形成了一个半开口形状的阵列。开口方向恰好指向夏至日太阳升起的方向。

河南登封元代观星台

展览展出为上海科技馆提供微缩模型

位于河南省登封境内，是我国现存最古老的天文测量建筑，也是世界上重要的天文古迹之一，由元代天文学家郭守敬于 1276 年设计建造。观象台平面呈正方形，边长 16 米余，台高 9 米余。石圭长 31 米余，俗称量天尺，居于子午线方向。量天尺和观星台构成一个巨型圭表。圭面中心和两旁均有刻度以测量影长，可根据台上横梁在石圭上投影的长短变化确定四季。此外，我国古代在今北京、陕西、江苏、浙江等省市内均建有观象台。

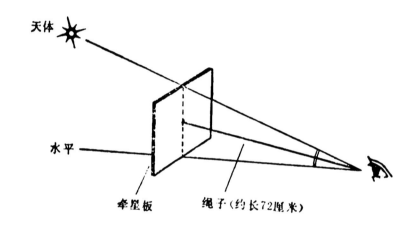

牵星板

仿制品，上海科技馆提供

牵星板是用来观测天体的地平高度以确定船舶所在纬度的一种仪器，其中尤以观测北极星的高度确定纬度最为方便。其出现时间早于明代。牵星板共由十二块正方形木板组成，最大的一块每边长约 24 厘米，以下每块递减 2 厘米，最小的一块每边长约 2 厘米。牵星板上的刻度以"指"为单位，1 指等于 2 厘米，观测角度相当于 1 度 36 分。每块木板中间都有一孔，穿有一根细绳。另有用象牙制成的小方块，四角缺刻，缺刻四边的长度分别是上述最小一块牵星板边长的八分之一、四分之一、二分之一和四分之三。用牵星板测量星体的高度时，一手拿木板一端的中心，手臂伸直，眼看天空，木板的上边缘是目标星体，下边缘是水平线，这样就可以测出所在地星体的水平高度。可以用十二块木板和象牙块四缺刻替换调整使用，来准确测得星体的水平高度，再用所得的星体水平高度，来计算出所在地的地理纬度。考虑到每个人的臂长有所不同，为减少测量误差，牵星板上都拴有一根长度相同的绳子，测量时把绳子拉直到眼睛处，就能保证不同的人测量时眼睛到牵星板的距离都一样。

浑仪

北京天文馆藏

明代浑仪 1:3 复制品

原件藏于紫金山天文台

长 96、宽 96、高 108 厘米

浑仪是中国古代用来测量天体位置的仪器,其发明大约是在公元前 4 世纪—公元前 1 世纪之间(即战国中期至秦汉时期)。早期的浑仪可能是由两个环组成——固定不动的赤道环,以及绕极轴转动的四游环,环内有可用来观测的窥管。此后,浑仪的结构逐渐完善和精密:东汉傅安和贾逵增设黄道环,张衡(78—139 年)又加上地平环和子午环,构成了具有二重环体的浑仪;唐代李淳风(602—670 年)进一步把浑仪由二重改进为三重结构。浑仪能够测量天体的赤道坐标、黄道坐标和地平坐标。

简仪

北京天文馆藏
明代简仪 1:3 复制品
原件藏于紫金山天文台
长 149、宽 101、高 94 厘米

元朝天文学家郭守敬（1231—1316 年）于 1276 年将结构复杂的浑仪简化为两个独立的观测装置，安装在一个底座上，称为简仪。简仪的创制，是中国天文仪器制造史上的一大飞跃，是当时世界上的一项先进技术。简仪能够测量天体的赤道坐标和地平坐标。

水运仪象台

互动触摸屏，上海科技馆提供

由北宋天文学家苏颂（1020—1101 年）等人创制，高约 12 米，宽约 7 米，是集浑仪、浑象、漏刻和报时于一体的综合性观测仪器。共分三层，上层露天平台放置可以观察天体的浑仪；中层放置可以演示天象的浑象；最下为报时装置，又分为五层木格，每层置木桶，利用木桶出入报时。台中全部仪器共用一套传动装置和漏壶，以水力驱动，能准确模拟天象，展示天体的周期运转。苏颂把时钟机械与观测用的浑象结合起来，使这座水运浑象成为世界天文钟的鼻祖。左图为水运仪象台复原模型南面侧视图，右图为水运仪象台复原透视图（王振铎：《揭开了我国"天文钟"的秘密——宋代水运仪象台复原工作介绍》，《文物参考资料》1958 年第 9 期）。

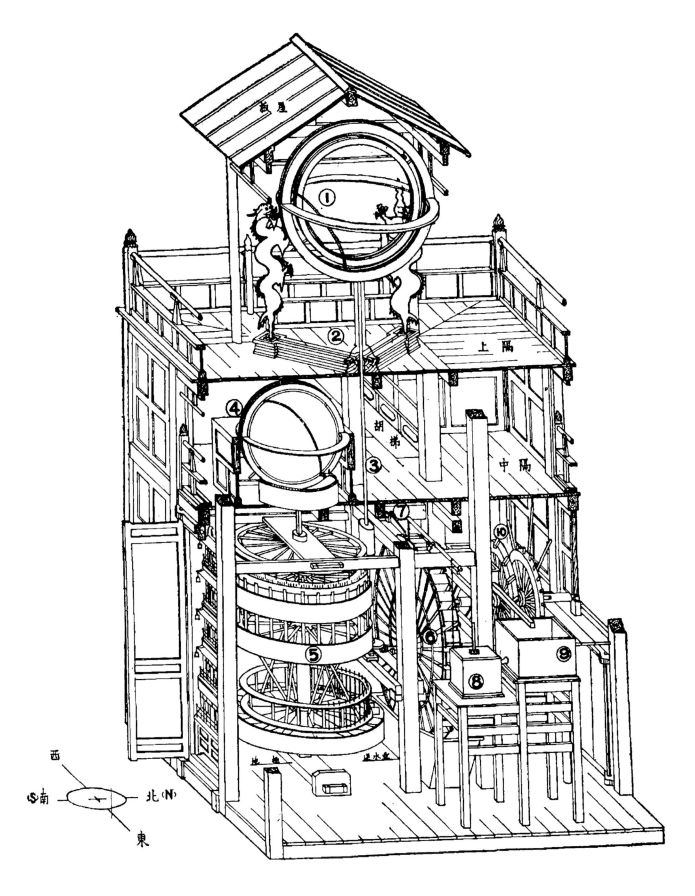

屋星

上隔

胡梯

中隔

① ② ③ ④ ⑤ ⑥ ⑦ ⑧ ⑨ ⑩

地極 退水壺

西 南 北(N) 東

赤道经纬仪　　地平经纬仪　　地平经仪　　象限仪

黄道经纬仪　　玑衡抚辰仪　　纪限仪　　天体仪

北京古观象台仪器

展览展出为上海科技馆提供微缩模型

北京古观象台建于明正统七年（1442 年），是明清两代的国家天文台。台上八架天文仪器建于清朝康熙、乾隆年间，造型中西合璧，是中西方科技文化交流的象征。

仪器名称	制成年代	组织制造者	物理参数	用途
赤道经纬仪	1673 年	比利时耶稣会士南怀仁	重 2720 千克，高 3.380 米	测量太阳时及天体的赤经和赤纬
黄道经纬仪	1673 年	比利时耶稣会士南怀仁	重 2752 千克，高 3.492 米	测量恒星的黄经和黄纬
天体仪	1673 年	比利时耶稣会士南怀仁	重 3850 千克，高 2.735 米	演示天体的运动及进行黄道坐标、赤道坐标和地平坐标的换算
纪限仪	1673 年	比利时耶稣会士南怀仁	重 802 千克，高 3.274 米	测量两个恒星的角距离
地平经仪	1673 年	比利时耶稣会士南怀仁	重 1811 千克，高 3.201 米	测量天体的方位角
象限仪	1673 年	比利时耶稣会士南怀仁	重 2483 千克，高 3.611 米	测量天体的高度角
地平经纬仪	1715 年	德国耶稣会士纪理安	重 7368 千克，高 4.125 米	测量天体的方位角与高度角
玑衡抚辰仪	1744 年	德国耶稣会士戴进贤	重 5145 千克，高 3.379 米	测量太阳时及天体的赤经和赤纬

第谷及其墙式象限仪

第谷·布拉赫（1546—1601 年，丹麦天文学家和占星学家）用其巨大观测仪器，所做观测精度极高。

4

预测

古人观测天象后，会记录下来，根据天象来制定历法，指导农业生产。我国古人长期观测天象，留下了关于日食、月食、太阳黑子、彗星、流星、新星和超新星的翔实记录，为天文学留下了宝贵的遗产。古代还流行占星术，认为天象的变化可以预示地上的国家大事。我国古人把星空的不同部分与地上诸国分别一一对应，如特定的星宿对应特定的国家，这就叫作"分野"。这两个作用是古人不断观天的动力，其中分野理论几千年来对我国政治产生了广泛的影响。

马王堆汉墓帛书彗星图

上海科技馆供图

原件藏于湖南博物院

湖南长沙马王堆汉墓出土的在帛书上绘制的彗星图，为世界现存最古老的彗星图，描绘了29颗各种类型的彗星，旁边记录了伴随彗星而出现的大事，多为灾祸。

哈勃望远镜于 2000 年拍摄的蟹状星云

我国古代将没有固定轨道和周期，突然出现在天空中的亮星，如新星、超新星和彗星等，称为客星。超新星爆发是某些大质量恒星演化到末期经历的一种剧烈爆炸。银河系内的超新星相当罕见。1054 年，中国、阿拉伯和日本的天文学家记录了一颗新的亮星出现，我国史料称其为"天关客星"。《宋史·天文志》《宋史·仁宗本纪》《宋会要辑稿》等典籍中都记载了这一现象，其中《宋会要辑稿》记载有"嘉祐元年三月，司天监言：'客星没，客去之兆也'，初，至和元年五月，晨出东方，守天关，昼见如太白，芒角四出，色赤白，凡见二十三日。"其后大约两年之内在夜空都可用肉眼看到该星。20 世纪早期，天文学家通过对金牛座蟹状星云照片进行分析发现，星云不断向周围膨胀。根据膨胀速度反推，900 年前星云从某点开始膨胀。蟹状星云是第一个被确认与超新星爆发有关的天体。

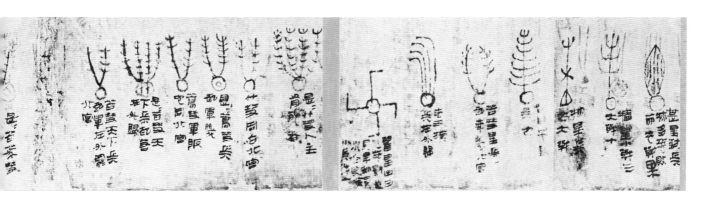

古巴比伦泥板

公元前 7 世纪的古巴比伦泥板记录了公元前 1000 年左右的金星升落日期。

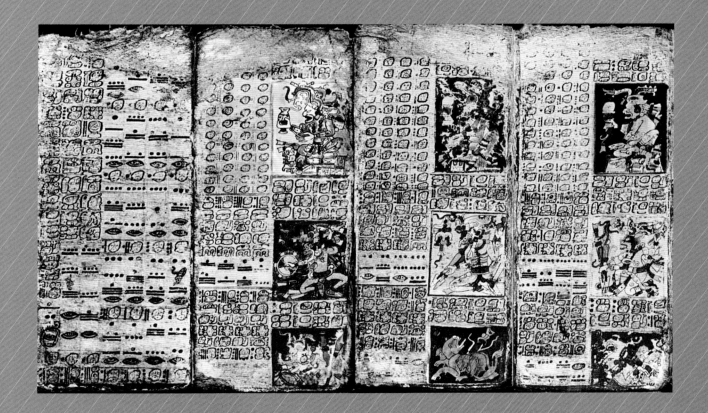

《德累斯顿法典》

记录玛雅文化的著名抄本之一——《德累斯顿法典》中有玛雅人对金星的记录。

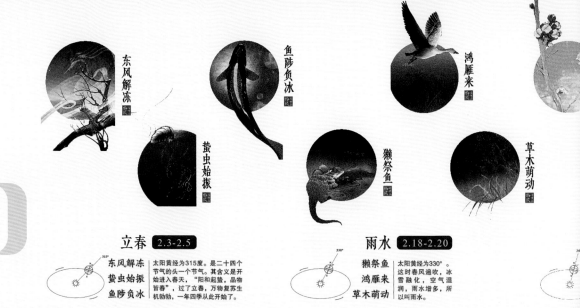

立春 2.3-2.5

东风解冻
蛰虫始振
鱼陟负冰

太阳黄经为315度。是二十四个节气的头一个节气。其含义是开始进入春天，"阳和起蛰，品物皆春"，过了立春，万物复苏生机勃勃，一年四季从此开始了。

雨水 2.18-2.20

獭祭鱼
鸿雁来
草木萌动

太阳黄经为330°。这时春风遍吹，冰雪融化，空气温润，雨水增多，所以叫雨水。

秋分 9.22-9.24

雷始收声
蛰虫培户
水始涸

太阳黄经为180°。秋分这一天同春分一样，阳光几乎直射赤道，昼夜几乎相等。从这一天起，阳光直射位置继续由赤道向南半球推移，北半球开始昼短夜长。

白露 9.7-9.9

鸿雁来
玄鸟归
群鸟养羞

太阳黄经为165°。天气转凉，地面水汽结露。

处暑 8...

鹰乃祭鸟
天地始肃
禾乃登

太...
火...
转...
征...

二十四节气

展项，上海科技馆提供

西汉淮南王刘安及其门客收集史料集体编成了一部哲学著作《淮南子》，其中《淮南子·天文训》第一次完整提出了二十四节气，为我国独创。二十四节气是传统时期农业生产活动的基本时间指针，农业生产最基本的要求之一即在于把握农时，也就是让农业生产的各个环节，具体如耕地、播种、灌溉、施肥、收获等，在遵循自然节律的基础上，依次按相应的时间点开展。此外，二十四节气也是传统时代民众日常社会生活的重要时间节点，如冬至、清明等，如今依然是传统重要节日。

寒露 10.8-10.9

鸿雁来宾
雀入大水为蛤
菊有黄华

太阳黄经为195°。白露后，天气转凉，开始出现露水，到了寒露，则露水日多，且气温更低了。

霜降 10.23-10.24

豺乃祭兽
草木黄落
蛰虫咸俯

太阳黄经为210°。天气已冷，开始有霜冻了，所以叫霜降。

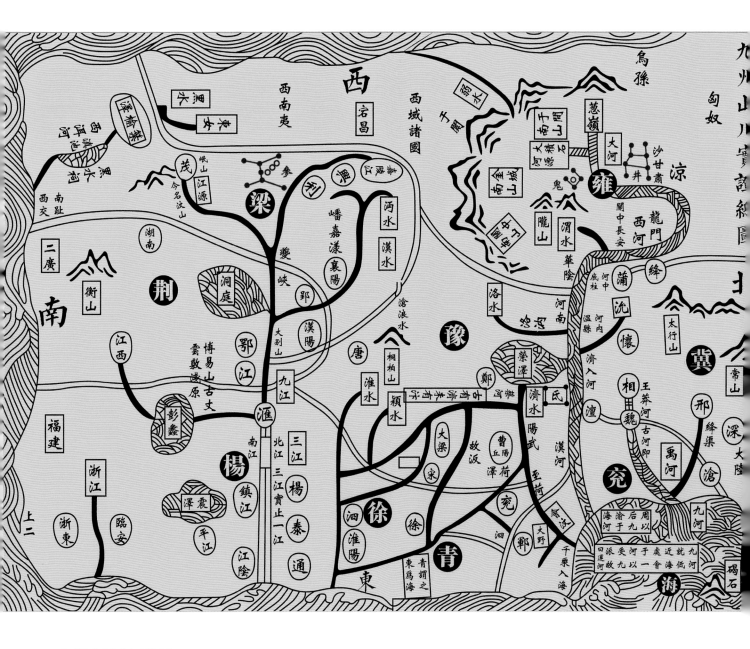

九州山川实证总图

该图选自南宋地理名著《禹贡山川地理图》，将天下分为九州。唐代的地理总志《通典·州郡典》据此阐述了将二十八星宿与九州对应的分野理论，比如，井宿和鬼宿对应雍州，参宿对应梁州（已作为例子在图中标出）等。

 鹰化为鸠

 仓庚鸣

  玄鸟至

 雷乃发声

 始电

 桐始华

田鼠化为鴽

 虹始见

 萍始生

3.5-3.7

太阳黄经为345°。春雷开始震响，蛰伏在泥土里的各种冬眠动物将苏醒过来开始活动起来，所以叫惊蛰。这个时期过冬的虫排卵也要开始孵化。我国部分地区进入了春耕季节。

春分 3.20-3.21

玄鸟至
雷乃发声
始电

太阳黄经为0°。春分日太阳在赤道上方。这是春季90天的中分点，这一天南北两半球昼夜相等，所以叫春分。

清明 4.4-4.6

桐始华
田鼠化为鴽
虹始见

太阳黄经为15°。此时气候清爽温暖，草木始发新枝芽，万物开始生长，农民忙于春耕春种。

  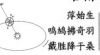

谷雨

萍始生
鸣鸠拂奇羽
戴胜降于桑

 鹰乃祭鸟

 白露降

 凉风至

 大雨行时

 土润溽暑

 腐草为萤

 鹰始挚

 蟋蟀居壁

温风至

寒蝉鸣

夏季要一个象

立秋 8.7-8.9

凉风至
白露降
寒蝉鸣

太阳黄经为135°。从这一天起秋天开始，秋高气爽，月明风清。此后，气温由最热逐渐下降。

大暑 7.22-7.24

腐草为蠲
土润溽暑
大雨时行

太阳黄经为120°。大暑是一年中最热的节气，正值勤二伏前后，长江流域的许多地方，经常出现40℃高温天气。要作好防暑降温工作。

小暑 7.6-7.8

温风至
蟋蟀居辟
鹰始挚

太阳黄经为105°。天气已经很热了，但还不到最热的时候，所以叫小暑。此时，已是初伏前后。

 雉入大水为蜃

 天气上腾 地气下降

 鹖旦不鸣

 荔挺生

 水始冰

 地始冻

 虹藏不见

闭塞而成冬

 虎始交

蚯蚓结

立冬 11.7-11.8

水始冰
地始冻
大水为蜃

太阳黄经为225°。习惯上，我国人民把这一天当作冬季的开始。冬，作为终了之意，是指一年的田间操作结束了，作物收割之后要收藏起来的意思。

小雪 11.22-11.23

虹藏不见
天气上腾地气下降
闭塞而成冬

太阳黄经为240°。气温下降，开始降雪，但还不到大雪纷飞的时节，所以叫小雪。

大雪 12.6-12.8

鹖旦不鸣
虎始交
荔挺生

太阳黄经为255°。大雪前后，黄河流域一带渐有积雪；而在北方，已是"千里冰封，万里雪飘"的严冬了。

鸣鸠拂其羽

戴胜降于桑

蝼蝈鸣

王瓜生

苦菜秀

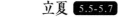
蚯蚓出

靡草死

麦秋至

4.19-4.21

太阳黄经为30°。就是雨水五谷的意思，由于雨水滋润大地五谷得以生长，所以，谷雨就是"雨生百谷"。谚云"谷雨前后，种瓜种豆"。

立夏 5.5-5.7
蝼蝈鸣
蚯蚓出
王瓜生

太阳黄经为45°。是夏季的开始，从此进入夏天，万物旺盛大。习惯上把立夏当作是气温显著升高，炎暑将临，雷雨增多，农作物进入旺季生长的一个最重要节气。

小满 5.20-5.22
苦菜秀
靡草死
麦秋至

太阳黄经为60°。从小满开始，大麦、冬小麦等夏收作物，已经结果、籽粒饱满，但尚未成熟，所以叫小满。

半夏生

鹿角解

鹃始鸣

蜩始鸣

反舌无声

螳螂生

夏至 6.21-6.22
鹿角解
蜩始鸣
半夏生

太阳黄经为90°。太阳在黄经90°"夏至点"时，阳光几乎直射北回归线上空，北半球正午太阳最高。这一天是北半球白昼最长、黑夜最短的一天。

芒种 6.5-6.7
螳螂生
鹃始鸣
反舌无声

太阳黄经为75°。这时最适合播种有芒的谷类作物，如晚谷、黍、稷等。

麋角解

雁北乡

雊雏

鸷鸟厉疾

水泉动

鹊始巢

鸡始乳

水泽腹坚

冬至 12.21-12.23
蚯蚓结
麋角解
水泉动

太阳黄经为270°。冬至这一天，阳光几乎直射南回归线，我们北半球白昼最短，黑夜最长，开始进入数九寒天。

小寒 1.5-1.7
雁北乡
鹊始巢
雊雏

太阳黄经为285°。小寒以后，开始进入寒冷季节。冷气积久而变寒，小寒是天气寒冷但还没有到极点的意思。

大寒 1.20-1.21
鸡使乳
鸷鸟厉疾
水泽腹坚

太阳黄经为300°。大寒就是天气寒冷到了极点的意思。大寒前后是一年中最冷的季节。

"五星出东方利中国"汉代蜀地织锦护臂

上海科技馆供图

原件藏于新疆维吾尔自治区博物馆

1995年出土于新疆和田地区汉墓，织有醒目的"五星出东方利中国"八个字，还以"青赤黄白绿"五色与"五星"对应。五星是指金、木、水、火、土五大行星，东方在中国古代占星术中占有重要位置，五星出东方是指五大行星在东方天空同时出现的罕见天象，"中国"这里应是指相对于四裔的中原地区。这八个字实际是一句星占术语，《史记·天官书》所载："五星分天之中，积于东方，中国利；积于西方，外国用（兵）者利。"

我国古代的部分历法以及有天文内容的古籍

著成朝代	史料名称	意义
夏代至汉代之间	《夏小正》	我国现存最早的一部记录农事的历书
商周时期	甲骨卜辞	商朝晚期王室用于占卜记事而在龟的腹甲或兽骨上契刻的文字，是我国已知最早的成体系的文字形式，甲骨上的一些文字记录多与天象相关，以此来占卜国家事务
西周初至晚周	《周易》	内容包括《经》和《传》两个部分，为我国古代占卜方面的重要著作，包含了我国古人对宇宙的理解
春秋中叶	《诗经》	是我国最早的一部诗歌总集，收集了西周初年至春秋中叶的诗歌，反映了当时的社会面貌，其中记载了日食等天文现象
西汉	《淮南子》	西汉淮南王刘安及其门客收集史料集体编写而成的一部哲学著作，其中《淮南子·天文训》第一次完整提出了二十四节气
西汉末东汉初	《周髀算经》	中国最古老的天文学和数学著作，约成书于公元前 1 世纪，主要阐明当时的盖天说和四分历法
西汉	《史记·天官书》	《史记》为西汉司马迁所著，从传说中的黄帝开始，一直记述到汉武帝元狩元年（公元前 122 年）的历史，其中《天官书》记载了流星雨等天文现象
西汉	《三统历》	西汉刘歆所著，为现存最早的一部完整历法，施行年代为西汉绥和二年至东汉章帝元和二年（公元前 7—公元 85 年），对后代历法影响极大
东汉	《汉书·五行志》	《汉书》为汉朝班固所撰，其中《五行志》为后人补写，记载了日食、月食及公元前 28 年的太阳黑子等天文现象
唐代	《乙巳占》	唐代李淳风（602 - 670 年）所著，是中国古代最早的综合性星占典籍之一
唐代	《开元占经》	唐代印度裔占星家瞿昙悉达所著，保存了唐以前大量珍贵的天文、历法资料
元代	《授时历》	郭守敬（1231—1316 年）等人作，是我国古代历法发展成就的高峰，明代《大统历》沿用其法，前后共使用三百六十多年，是历法中行用最久的

地外行星（如火星、木星、土星等）与太阳在地球的两侧，如火星冲日，此时火星明亮易于观测。

日食和月食是由于太阳、地球、月亮三者在一条直线上时，互相遮挡造成的亏缺或完全不见的现象。

中国古代天象记录中的术语

展项，上海科技馆提供

中国古代出现的各种行星运动术语可以看作是对行星运动的定性描述，显示出古人对行星的运行特点及运动轨道的理解。

月亮或五星接近恒星，使得光芒触及恒星。

月亮经过一颗恒星或行星前而将其遮掩起来的现象称为「月掩星」。

善假于物

1608 年，望远镜在欧洲被发明。它极大地扩大了人类的视野，使得人类对宇宙的认识产生了飞跃——从认识到地球不是宇宙的中心到观测到数百亿光年外的星系。望远镜被发明十余年后，就被西方传教士带到了我国明朝。根据工作原理，望远镜主要分为折射式和反射式两种。

1
横空出世

  1608 年，荷兰眼镜制造商汉斯·利普希发现，把一块凸透镜（老花镜）和一块凹透镜（近视镜）一远一近组合在一起看，远处的物体变得又近又大了，望远镜就这样被发明。1609 年，意大利天文学家伽利略用自制望远镜指向天空观测，发现了裸眼从未见到的奇景，开启了人类用望远镜观测宇宙的历史。两年后，德国天文学家开普勒设计了两块凸透镜组成的望远镜，视野更大，成倒立的像，后来天文观测都用此种望远镜。伽利略式望远镜和开普勒式望远镜都是利用透镜的折射原理观测，所以被称为折射望远镜。

 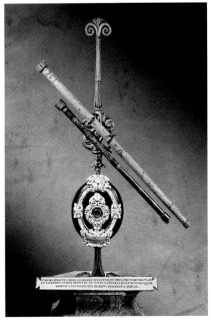 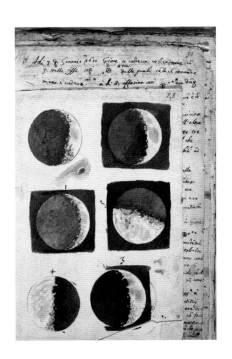

1609 年伽利略绘制的人类有史以来第一批月球写实图像

伽利略及其望远镜

伽利略（伽利略·伽利雷，1564—1642 年，意大利天文学家）用他制作的望远镜发现了月球表面的环形山，银河系无以计数的恒星，木星的四颗卫星，太阳表面的黑子（使用投影方法，非直接观测），土星外围的光环。对木星卫星的发现极大地动摇了地心说，当时人们盛行的话是"哥伦布发现了新大陆，伽利略发现了新宇宙！"

开普勒

约翰尼斯·开普勒（1571—1630 年，德国天文学家和占星学家）因为视力不好，虽然设计了望远镜，但不制作望远镜，也不观测。他根据第谷（第谷·布拉赫，1546—1601 年，丹麦天文学家和星占学家）留下的观测数据，发现了太阳系行星运动三大定律。

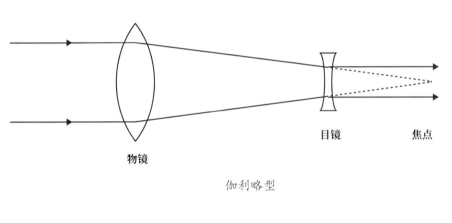

物镜　　　　　　　　　　　**目镜**　　**焦点**

伽利略型

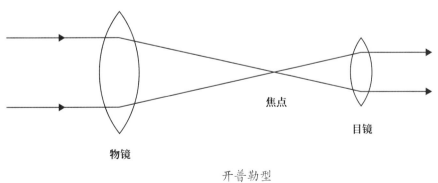

物镜　　　　　　　**焦点**　　　**目镜**

开普勒型

伽利略型和开普勒型折射望远镜光路图

手持折射式望远镜

北京天文馆藏

口　　径：57 毫米

镜 筒 长：1130 毫米

制造国家：英国

制造年份：约 1762—1800

制 造 者：Jesse Ramsden

Jesse Ramsden 是 John Dollond 之女婿，为英国
四大望远镜制造商之一。

手持折射式望远镜

北京天文馆藏

口　　径：57 毫米

镜 筒 长：1105 毫米

制造国家：英国

制造年份：约 1762—1800

制 造 者：Jesse Ramsden

手持折射式望远镜

北京天文馆藏

口　　　径：57 毫米
镜 筒 长：1073 毫米
制造国家：英国
制造年份：约 1762—1800
制 造 者：Jesse Ramsden

手持折射式望远镜

北京天文馆藏

口　　　径：19 毫米
镜 筒 长：381 毫米
制造国家：英国
制造年份：约 1790
制 造 者：William Cary

贰　善假于物

〈 4 9 〉

手持折射式望远镜

北京天文馆藏

口　　径：30 毫米

镜 筒 长：381 毫米

制造国家：英国

制造年份：约 1825

制 造 者：William(II) Spencer, Samuel(I) Browning, Ebenezer(I) Rust

手持折射式望远镜

北京天文馆藏

口　　径：30 毫米

镜 筒 长：193 毫米

制造国家：德国

制造年份：约 1840

制 造 者：Michael Baader

手持折射式望远镜

北京天文馆藏

口　　径：54毫米

镜 筒 长：914毫米

制造国家：英国

制造年份：约 1850—1860

制 造 者：Andrew Ross

手持折射式望远镜

北京天文馆藏

口　　径：52毫米；78毫米

镜 筒 长：679毫米；1181毫米

制造国家：法国

制造年份：约 1850—1860

制 造 者：Marc Secretan

手持折射式望远镜

北京天文馆藏

口　　径：32 毫米

镜 筒 长：330 毫米

制造国家：法国

制造年份：约 1855

制 造 者：Marc Francois Louis Secretan

手持折射式望远镜

北京天文馆藏

口　　径：57 毫米

镜 筒 长：1060 毫米

制造国家：法国

制造年份：约 1860

制 造 者：不详

手持折射式望远镜

北京天文馆藏

口　　径：50 毫米

镜 筒 长：937 毫米

制造国家：法国

制造年份：约 1860

制 造 者：Bardou & Sons

手持折射式望远镜

北京天文馆藏

口　　径：30 毫米

镜 筒 长：593 毫米

制造国家：英国

制造年份：约 1880—1920

制 造 者：H. Hughes and Son

手持折射式望远镜

北京天文馆藏

口　　径：70 毫米

镜 筒 长：990 毫米

制造国家：英国

制造年份：约 1927—1930

制 造 者：Dollond and Aitchison Co.

台式折射望远镜

北京天文馆藏

口　　径：70 毫米

镜 筒 长：1099 毫米

制造国家：英国

制造年份：约 1813—1851

制 造 者：George Dollond

台式折射望远镜

北京天文馆藏

口　　径：90 毫米

镜 筒 长：1162 毫米

制造国家：英国

制造年份：约 1830—1858

制 造 者：Andrew Ross

台式折射望远镜

北京天文馆藏

口　　径：57 毫米
镜 筒 长：533 毫米
制 造 国 家：奥地利
制 造 年 份：约 1840
制 造 者：Simon Plossl

台式折射望远镜

北京天文馆藏

口　　径：50 毫米

镜 筒 长：622 毫米

制造国家：英国

制造年份：约 1840

制 造 者：Edward Troughton and
　　　　　 William Simms

台式折射望远镜

北京天文馆藏

口　　径：41 毫米

镜 筒 长：82 毫米；228 毫米

制造国家：奥地利

制造年份：约 1850

制 造 者：George Simon Plossl

台式折射望远镜

北京天文馆藏

口　　径：90 毫米
镜 筒 长：1416 毫米
制造国家：英国
制造年份：约 1875
制 造 者：J. H. Steward

台式双筒折射望远镜

北京天文馆藏

口　　径：28 毫米

镜 筒 长：368 毫米

制造国家：不详

制造年份：约 1860—1870

制 造 者：Howell James

手持双筒折射望远镜

北京天文馆藏

口　　径：5×60 毫米

镜 筒 长：95 毫米

制造国家：法国

制造年份：约 1875

制 造 者：不详

手持双筒折射望远镜

北京天文馆藏

口　　径：2×23 毫米

镜 筒 长：70 毫米

制造国家：法国

制造年份：约 1880

制 造 者：Alfred Jean−Baptiste Lemaire

2
另辟蹊径

折射望远镜物镜为单片凸透镜，存在球差和色差，使得成像失真。人们发现物镜越扁（焦距越长），以至镜筒越长的望远镜，观测效果越好。这导致人们观测时需要用镜筒长达几十米的望远镜，十分不便。17 世纪六七十年代，英国科学家牛顿等人发明了反射望远镜，解决了这个问题。

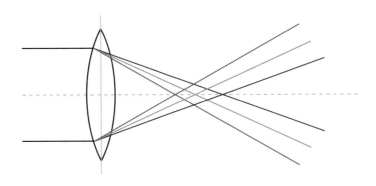

透镜的色差

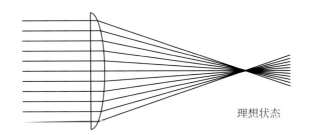

理想状态

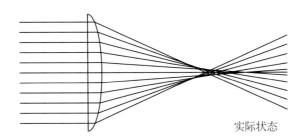

实际状态

透镜的球差

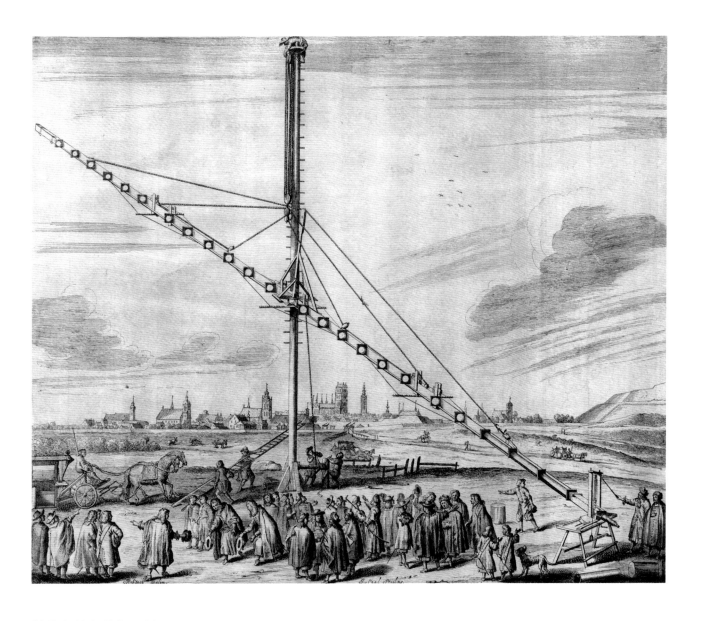

赫维留的长焦望远镜

图为 1641 年约翰内斯·赫维留（1611—1687 年，波兰天文学家）建造的 45 米焦长的开普勒式折射望远镜。

赫维留的月面图

图片来源于参考文献 [11]

赫维留花了四年时间记录月球的表面地形，因此被称为"月球地形研究的创始人"。

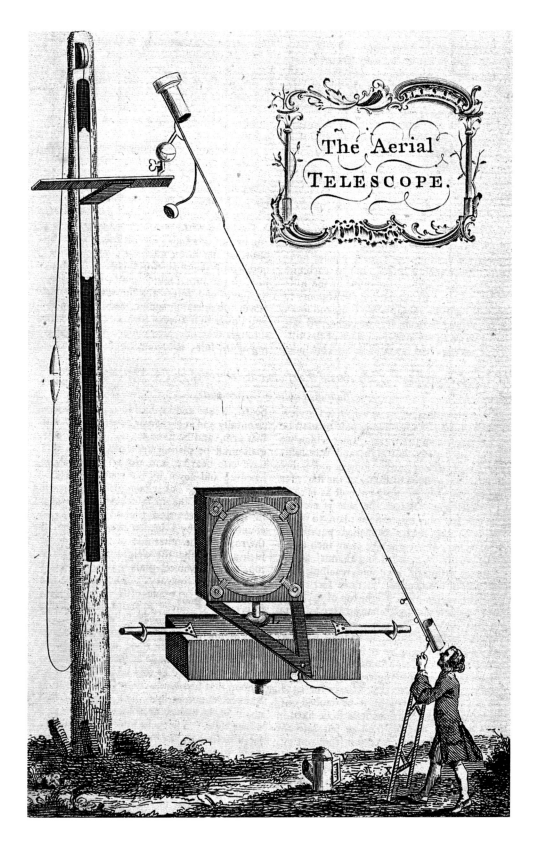

惠更斯的无筒望远镜

1654 年，克里斯蒂安·惠更斯（1629—1695 年，荷兰天文学家）开始建造望远镜，次年即发现土卫六。1659 年，证实了土星外围的环状结构。17 世纪 80 年代，建造了 37.5 米焦长的无筒望远镜。

牛顿

艾萨克·牛顿（1643—1727 年，英国物理学家）发明了反射式望远镜。

牛顿研制的第二架反射式望远镜

其口径 5 厘米，于 1672 年被赠予伦敦皇家学会。

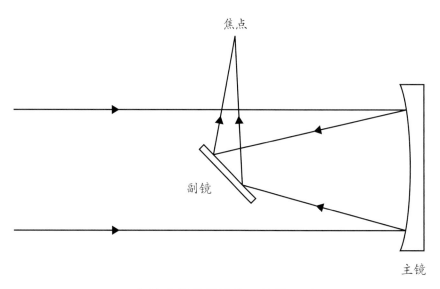

牛顿反射式望远镜工作原理图

台式反射望远镜

北京天文馆藏

口　　径：63 毫米

镜 筒 长：375 毫米

制造国家：英国

制造年份：约 1740—1770

制 造 者：John Bennett

台式反射望远镜

北京天文馆藏

口　　径：75 毫米

镜 筒 长：464 毫米

制造国家：英国

制造年份：约 1747—1758

制 造 者：Benjamin Cole

台式反射望远镜

北京天文馆藏

口　　径：67 毫米

镜 筒 长：356 毫米

制造国家：荷兰

制造年份：约 1750

制 造 者：Lubertus van der Bildt

台式反射望远镜

北京天文馆藏

口　　径：98.5 毫米

镜 筒 长：632 毫米

制造国家：英国

制造年份：约 1760

制 造 者：Edward Nairne

台式反射望远镜

北京天文馆藏

口　　径：125 毫米

镜 筒 长：959 毫米

制造国家：英国

制造年份：约 1785—1793

制 造 者：David Jones (I)

台式反射望远镜

北京天文馆藏

口　　径：102 毫米

镜 筒 长：654 毫米

制造国家：英国

制造年份：约 1788—1796

制 造 者：Dudley Adams

台式反射望远镜

北京天文馆藏

口　　　径：76 毫米

镜　筒　长：476 毫米

制 造 国 家：英国

制 造 年 份：1807—1814

制 造 者：Thomas or William Potts

台式反射望远镜

北京天文馆藏

口　　　径：113 毫米

镜　筒　长：667 毫米

制 造 国 家：英国

制 造 年 份：约 1835

制 造 者：Edward Troughton and William Simms

台式反射望远镜

北京天文馆藏

口　　径：90 毫米
镜 筒 长：254 毫米
制造国家：美国
制造年份：2002
制 造 者：Questar 公司

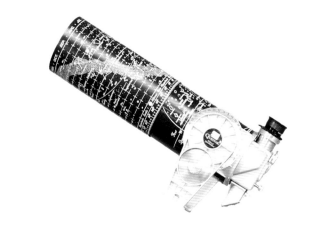

3

峰回路转

　　18世纪中后期，英国著名望远镜制造商约翰·多伦德等人坚持改进折射望远镜。他们发现，由两个不同折射率的玻璃组成的物镜，可以极大消除色差和球差，大大提高折射望远镜的观测能力。消色差技术的发明与英国当时的社会发展是分不开的。17世纪初，英国木材短缺和采煤工业的发展使得英国的玻璃熔炉开始使用煤。烧煤提高了熔炉的温度，同时降低了成本，使得英国人开发出了含氧化铅的玻璃——"火石玻璃"。这种玻璃折射率较大，为消色差透镜的制造打下了基础。18世纪末，欧洲各国在科学上也激烈竞争，相继建立了很多新的公共天文台。很多人被威廉·赫歇尔的发现所激励，建立了自己的私人天文台。天文台需要大量的消色差望远镜。除此之外，在拿破仑战争中，英国陆军和海军也需要大量的消色差望远镜。这些导致望远镜供不应求。此间，英国制造望远镜等各种科学仪器的技术获得了极大提高，超过了欧洲大陆。美国的望远镜技术在19世纪中期才开始发展。1897年，美国建成的叶凯士望远镜口径为1米，至今仍为世界上最大的折射望远镜。

叶凯士望远镜

1897年建成，位于美国威斯康星州的叶凯士天文台，口径1米，为世界最大折射望远镜。

手持折射式望远镜

北京天文馆藏

口　　径：75 毫米

镜 筒 长：1458 毫米

制造国家：英国

制造年份：约 1820

制 造 者：George Dollond

该望远镜为消色差望远镜。George 是 John Dollond 之外孙。Dollond 家族是英国四大望远镜制造商之一。这些制造商生产的望远镜遍布欧洲各大天文台。

台式折射望远镜

北京天文馆藏

口　　　径：70 毫米

镜 筒 长：1092 毫米

制造国家：英国

制造年份：约 1780—1820

制 造 者：Peter and John Jr. Dollond

John Dollond 是消色差望远镜的发明者，Peter
是其儿子。

立式折射望远镜

北京天文馆藏

口　　径：98 毫米

镜 筒 长：1600 毫米

制造国家：英国

制造年份：约 1866—1871

制 造 者：William Dollond

立式折射望远镜

北京天文馆藏

口　　径：89 毫米

镜 筒 长：1562 毫米

制造国家：英国

制造年份：1799—1819

制 造 者：John Bloore

立式折射望远镜

北京天文馆藏

口　　径：100 毫米

镜 筒 长：1245 毫米

制造国家：英国

制造年份：约 1845—1862

制 造 者：James Parkes & Son

立式折射望远镜

北京天文馆藏

口　　径：72 毫米

镜 筒 长：1156 毫米

制造国家：不详

制造年份：约 1870

制 造 者：不详

立式测绘折射望远镜

北京天文馆藏

口　　径：29 毫米

镜 筒 长：343 毫米

制造国家：美国

制造年份：约 1872

制 造 者：Assembled by a Mr. A Seneca Stevens

立式双筒折射望远镜

北京天文馆藏

口　　径：10×80 毫米

镜　筒　长：502 毫米

制造国家：英国

制造年份：约 1942

制　造　者：Ross

4
大势所趋

　　人们想看得更远，望远镜物镜就要做得越来越大。由于折射望远镜需要镜筒来固定镜片，如果镜片太重，镜筒就无法支撑和固定它。而反射望远镜只需要一面来反射光线，另一面可以跟支撑系统接触，因而比较稳固。且后来反射望远镜的物镜使用金属镀膜玻璃代替了金属，使得物镜更轻、更易磨制。所以，现代大型望远镜均为反射式。

立式反射望远镜

北京天文馆藏

口　　径：100 毫米

镜 筒 长：673 毫米

制造国家：法国

制造年份：约 1885—1894

制 造 者：George Emmanuel Secretan

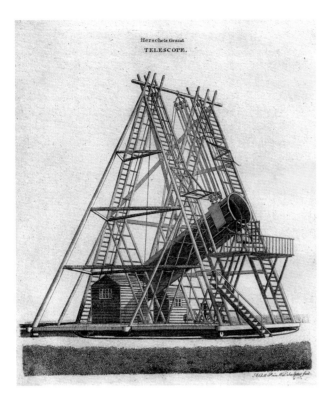

赫歇尔兄妹及"赫歇尔的大炮"

威廉·赫歇尔（1738—1822 年）及其妹卡罗琳·赫歇尔（1750—1848 年）都是英国天文学家。他们发现了天王星。后利用自建的 1.2 米反射望远镜——"赫歇尔的大炮"发现了土星的两颗卫星。赫歇尔还绘制了银河系图，当时他认为太阳在银河系中心。

胡克望远镜

1917 年，2.54 米的胡克望远镜建成于美国加州威尔逊山天文台，哈勃（爱德温·哈勃，1889—1953 年，美国天文学家）用它证实了河外星系的存在及宇宙膨胀。

斯隆数字巡天望远镜

21 世纪初，斯隆数字巡天项目用位于美国新墨西哥州的 2.5 米的反射望远镜，拍摄了两亿个以上星系的图像，获得了其中三百万个以上星系的光谱数据，绘制了宇宙的三维地图，其观测到最远的星系在百亿光年以外。

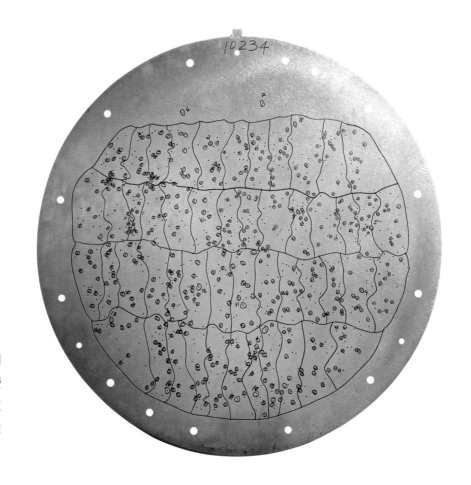

斯隆数字巡天项目观测盘

深圳博物馆藏

直径 80 厘米

盘子置于望远镜内部，每块盘子用于测量一块天区的星系的光谱。使用时，每个小孔对应一个星系的位置，用光纤把星系的光传到存储设备上。

善假于物

〈 8 3 〉

郭守敬望远镜

2009 年建成，口径 6 米，位于国家天文台河北兴隆观测基地，为我国最大的反射式望远镜。

甚大望远镜　　　　　欧洲极大望远镜　　　　凯克望远镜　　　　　三十米望远镜

加那利大型　　斯巴鲁　　　南非　　　新技术　　　大麦哲伦　　大型综合巡天
望远镜　　　望远镜　　大望远镜　　望远镜　　　望远镜　　　　望远镜

国际主要大型反射式望远镜

外文名称	Very Large Telescope	European Extremely Large Telescope	Keck Telescope	Thirty Meter Telescope	Gran Telescopio Canarias	Subaru Telescope	South African Large Telescope	New Technology Telescope	Grant Magellan Telescope	Large Synoptic Survey Telescope
中文译名	甚大望远镜	欧洲极大望远镜	凯克望远镜	三十米望远镜	加那利大型望远镜	斯巴鲁望远镜	南非大望远镜	新技术望远镜	大麦哲伦望远镜	大型综合巡天望远镜
口径	4个主镜，口径8.2米	39.3米	2个主镜，口径10米	30米	10.4米	8.4米	9.2米	3.58米	25.4米	8.4米
建设机构	欧洲南方天文台（简称欧南台）	欧南台	美国大学和研究机构	美、加、印度、日本、中国等多国	西班牙领导的多国研究机构	日本	南非等国	欧南台	美国及澳大利亚研究机构	美国等国
位置	智利	智利	美国夏威夷	美国夏威夷	西班牙	美国夏威夷	南非	智利	智利	智利
启用时间	2012年	预计2024年	1993及1996年	预计2027年	2007年	1999年	2005年	1989年	预计2025年	预计2022年

5

西学东渐

　　1621年，正值明朝末期，望远镜在欧洲被发明十余年后就由西洋传教士由广东口岸带入了我国，被称作"千里眼"。一同被传入的还有西方天文学知识。到了清代，望远镜在清朝宫廷和民间广泛流行。

《远镜说》

深圳博物馆藏

德国传教士汤若望（1592—1666年）著于1626年，是第一本用中文撰写的全面介绍望远镜的著作。此书介绍了伽利略使用望远镜观察星空所获得的主要发现，望远镜的原理、造法和用法，被编入《崇祯历书》，收入《四库全书》，是我国第一部也是到19世纪唯一一部专门介绍望远镜和西方光学知识的中文著作，在中国光学史上有划时代的意义。

台式折射望远镜

北京天文馆藏

口　　径：32 毫米

镜 筒 长：99 毫米

制造国家：英国

制造年份：约 1840

制 造 者：Gregory Gilbert & Co.

此制造商为东印度公司的主要供货商之一，故宫博物院藏有其制造的望远镜。

貳

善假于物

广州海关税则规定，多种进口货物的关税比照千里镜的税率计算，如"风琴：每架大者比千里镜一个，小者两架比千里镜一个，每个四钱"，说明当时望远镜已经成为进口数量比较多的大宗商品了。

广东学海堂的创办者、道光年间两广总督阮元曾这样赞美望远镜："能令人见目不能见之物，其为用甚博，而以之测量七曜为尤密"。

戏题千里眼
康熙

欲穷视远目，旷渺有无中。
体认全凭准，遐观约略同。
虽依双镜力，独用一瞳功。
不重西来巧，清明本在躬。

西洋杂咏
潘有度

术传星学管中窥，风定银河月满地。
忽吐光芒生两乳，圭形三尺最称奇。

清朝的一些小说也反映了望远镜的流行。《夏宜楼》为清代李渔著，讲的是一男子靠望远镜偷窥，让人误以为自己是神仙下凡，从而迎娶心仪女子的故事。《官场现形记》为清代李伯元著，在第三十一回和五十回提到了“千里镜”（即望远镜）。《老残游记》为清代刘鹗著，在第一回提到了“千里镜”。

十二楼　夏宜楼　七二

制体初无远近，全凭用法参差。非独公输炫巧，离娄画策相资。微光一隙仅如丝，能使瞳人生翅。休嫌独目把人嗤，眇者从来善视。

这件东西名为千里镜，出在西洋。一日同了几个朋友在街上走过，看见古玩铺中摆了这件东西，众人问说：「要他何用？」店主道：「登高之时取以眺远，数十里外的山川可以一览而尽。」众人不信，都说：「那有这般奇事？」店主道：「诸公不信，不妨小试其端。」就取一张废纸，乃是选落的时文，对了众人道：「这一篇文字贴在对面人家的门首，诸公立在此处可念得出么？」众人道：「字细而路远，那里念得出！」店主人道：「既然如此，就把他试验一试验。」叫人取了过去，贴在对门，然后将此镜悬起。众人一看，甚是惊骇，都说不但字字碧清，可以朗诵得出，连纸上的笔画都粗壮了许多，一个竟有几个大。店主道：「若还再远几步，他还要粗壮起来。到了百步之外、一里之内，这件异物才得尽其所长。只怕八咏楼上的牌匾，宝婺观前的联对，还没有这些字大哩。」众人见说，都一齐高兴起来，人人要买。吉人道：「这件东西诸公买了，只怕不得其用，不如让了小弟罢。」众人道：「不过是登高凭远，望望景致罢了，还有甚么用处？」吉人道：「恐怕不止于此。等小弟买了回去，不上一年半载，就叫他建立奇功，替我做一件终身大事。一到建功之后，就用他不着了，然后送与诸兄，做了一件公器，何等不好。」

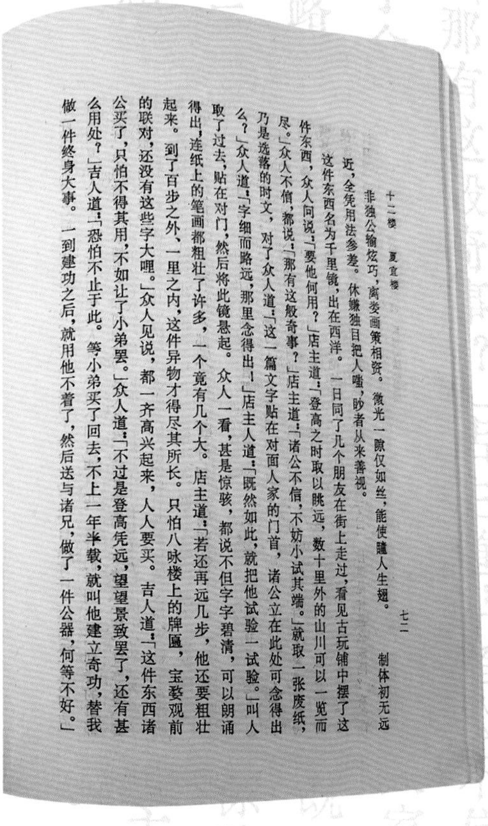

清代小说《夏宜楼》

深圳博物馆藏

随着望远镜等玻璃制品传入清朝，康熙三十五年（1696 年），宫廷建立了玻璃厂制造各种玻璃工艺品，如鼻烟壶等。乾隆皇帝更是将玻璃制造的能工巧匠以高待遇纳入玻璃厂，鼓励其制造不同款式花色以及新艺术品种的玻璃制品，主要作为宫廷摆件。此间，我国玻璃工艺获得了极大地提升，足可与欧洲工艺相媲美，但是望远镜镜片的制造技术却没有得到发展。

雪花白套红料童子瓶花鼻烟壶

深圳博物馆藏

清代

高 6.3、口径 1.1、底长 2.4 厘米

雪花白套红料双螭纹鼻烟壶

深圳博物馆藏

清代

高 5.7、口径 1.2、底长 2.5 厘米

透明套红料书炉纹鼻烟壶

深圳博物馆藏

清代

高 4.7、口径 1.1、底长 2.1 厘米

烟黄透明料鼻烟壶

深圳博物馆藏

清代

高 5.5、口径 1.6、底长 2.5 厘米

内画人物纹料鼻烟壶

深圳博物馆藏

清代

高 6.3、口径 1.6、底长 2.9 厘米

不畏浮云

　　20 世纪以来, 人类探索太空的技术飞速发展, 在全电磁波段都有相应的望远镜问世。为了避免地球大气层对观测的影响, 人们将望远镜送入太空。对月球和太阳系内的大行星和少数小行星, 还发射了相应的探测器, 甚至实现了载人登月。望远镜和探测器冲出了大气层, 而一些天外来客——陨石经受住了大气层对它们的考验, 降落在地球上, 成为人类研究太阳系起源和演化的宝贵资源。

1
一览无余

20 世纪 30 年代开始，人类逐渐又发明了一些望远镜，它们可以接收天体发出的肉眼看不见的光，如射电望远镜、X 射线望远镜等。如今，人类已经实现了在全电磁波段的观测。

◯ 射电望远镜

"天眼"望远镜，全称为 500 米口径球面射电望远镜，位于贵州省黔南州，是我国具有自主知识产权、世界最大单口径、最灵敏的射电望远镜。它的核心科学目标是搜寻和发现射电脉冲星。脉冲星就像宇宙中的灯塔，可以为星际旅行导航。从 2016 年 9 月建成至今，天眼已发现超过 340 颗脉冲星。

"天眼"射电望远镜

天眼还能看什么？

1. 可将中性氢观测延伸至宇宙边缘，观测暗物质和暗能量，寻找第一代天体。

2. 搜寻识别可能的星际通信讯号，寻找地外文明。

3. 跟踪探测日冕物质抛射事件，服务于太空天气预报。

4. 识别微弱的空间讯号，作为被动战略雷达为国家安全服务。

○ 太空望远镜

　　大气层会吸收和散射星光，各个电磁波段的观测都会受到影响。将望远镜发射到太空，可以避免大气层干扰，且太空望远镜可以24小时全天观测。尤其对于 γ 射线、X 射线等完全不能透过大气层的电磁波，只能发射太空望远镜来观测它们。"慧眼"硬 X 射线调制望远镜是我国第一颗空间 X 射线天文望远镜，发射于 2017 年，可以探测脉冲星、伽玛射线暴、超新星遗迹、黑洞等发出的 X 射线。

"慧眼"硬 X 射线调制望远镜

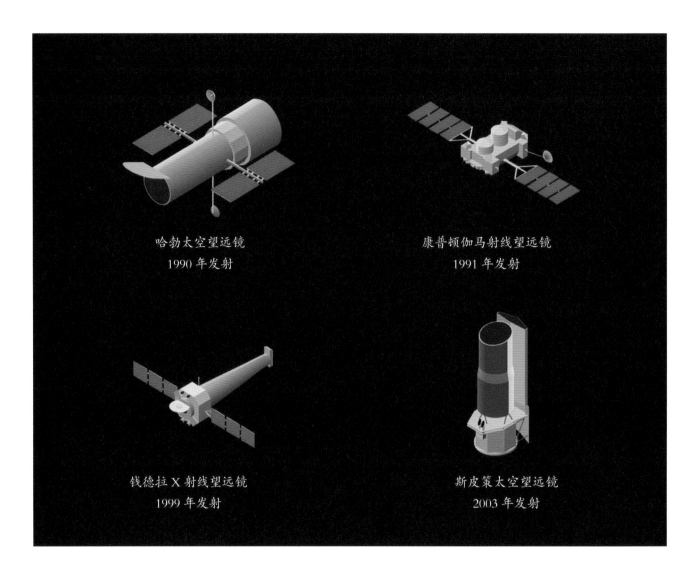

哈勃太空望远镜
1990 年发射

康普顿伽马射线望远镜
1991 年发射

钱德拉 X 射线望远镜
1999 年发射

斯皮策太空望远镜
2003 年发射

美国四大太空望远镜

根据它们的观测波长由小到大排列，依次为康普顿伽马射线望远镜、钱德拉 X 射线望远镜、哈勃太空望远镜（可见光和紫外线）及斯皮策太空望远镜（红外线）。

2
地外探天

　　远远的观看满足不了人类对太空的好奇心，月球及太阳系的大行星便成了人们接触地球外部世界的首要目标。美国和俄罗斯（及苏联）对太阳系的这些行星发射过多个探测器，甚至实现了载人登月。我国航天领域虽然起步晚，但起点高，在月球探测、火星探测及空间站建设方面已经走到了国际前列。

○ 天宫

　　中国空间站又称"天宫"空间站，计划2022年自主建设完成，是一个能长期有人驻留的60至180吨级的大型空间站。在其附近共轨飞行的是一个巡天光学舱，内置可见光波段的2米口径的太空望远镜。其视场是美国哈勃太空望远镜的300倍，即其观测一天所得数据，哈勃望远镜需要观测一年。

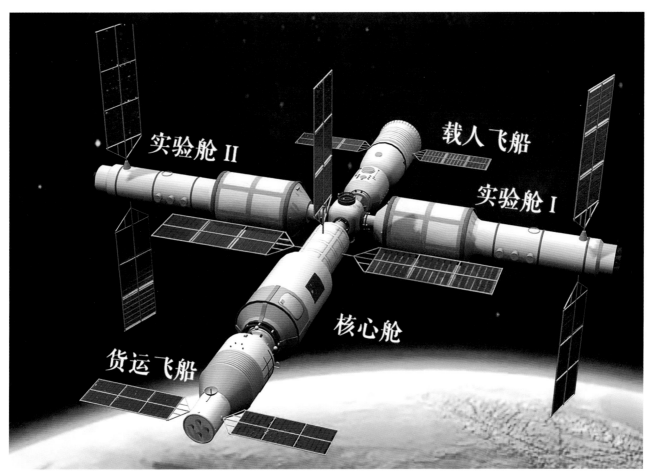

"天宫"空间站

巡天光学舱

○ 嫦娥

　　我国"嫦娥工程"按计划分为无人月球探测、载人登月以及建立月球基地三个阶段。目前已经发射的"嫦娥一号"到"嫦娥五号"探测器，都属于无人月球探测阶段，又分为"绕""落""回"三步走。其中"嫦娥四号"实现了人类的首次月球背面软着陆。"嫦娥五号"带回了近2千克月壤。

"嫦娥五号"带回的月壤

中国国家博物馆藏

月壤主要由氧、硅、铝、铁、镁、钙等元素构成，不含任何有机质和微生物，且十分干燥，无法种植农作物。特别值得关注的是，月壤中含有大量氦-3，是人类未来核聚变发电的清洁能源。

"嫦娥一号"卫星拍摄的第一幅月面图像揭幕式上使用的月球仪

中国国家博物馆藏

"嫦娥一号"是我国首颗绕月人造卫星。月球仪上黑色方框内的区域是"嫦娥一号"2007年11月拍摄的首幅月面图像呈现的区域。2008年11月，"嫦娥一号"拍摄的全月球影像图发布。

X 射线谱仪

中国国家博物馆藏

"嫦娥一号"装载的 X 射线谱仪由中国科学院高能物理所研制，能够精准地探测月表上镁、铝、硅元素的分布与含量，为研究月球的形成与演化提供重要信息。2009年"嫦娥一号"受控撞月，此展品为"嫦娥一号"装载的同款 X 射线谱仪。

"神舟五号"返回舱烧蚀底碎片

中国国家博物馆藏

返回舱底部防热层由特殊烧蚀材料制成，通过燃烧带走返回舱与大气剧烈摩擦时产生的热量。"嫦娥五号"返回器也采用了类似的设计。

1 火箭发射

"长征五号"运载火箭将"嫦娥五号"探测器
送入地月转移轨道

8 返回器着陆

返回器降落于内蒙古
四子王旗着陆场,
完成搜索与回收。

2 环月飞行

探测器和火箭分离后,
经过飞行、中途修正、近月制动减速后,
进入环月轨道。

"嫦娥五号"
的"任务单"

7 返程

"嫦娥五号"开始返回地球,
返回器与轨道器分离,
进入地球大气层。

**3 着陆上升组合体与
轨返组合体分离**

轨返组合体继续环月飞行,
着陆上升组合体则降落至月面。

6 样品转移

上升器与轨返组合体
进行交会对接,
并把样品转移至返回器内部。

钻取样品

在月球表面,"嫦娥五号"
进行科学探测
和钻取采样、样品转移
和封装等工作。

4

5 上升器起飞

上升器以着陆器为平台,携带月球样品起飞。

○ 天问

　　我国行星探测任务命名为"天问"系列，源于屈原同名长诗。其中"天问一号"为火星探测器。 2021 年 5 月 15 日，"天问一号"携其火星车"祝融"成功登陆火星北半球乌托邦平原。我国成为世界上第二个独立掌握火星着陆巡视探测技术的国家。"天问一号"是人类历史上首个一次实现对火星"绕、落、巡（环绕、着陆和巡视探测）"的探测器。

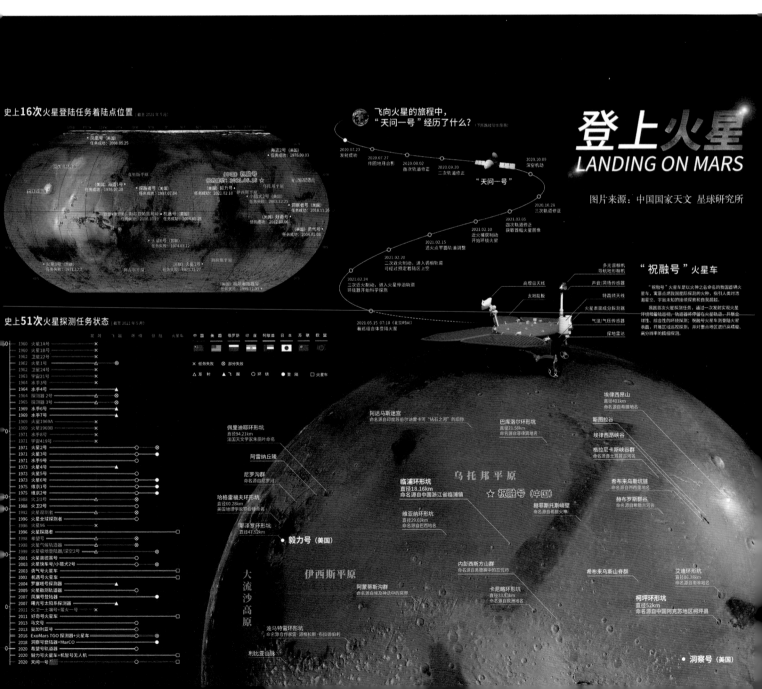

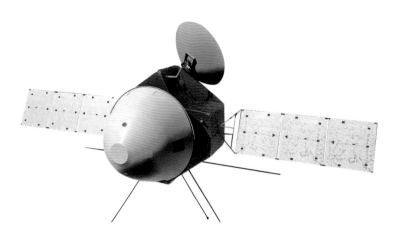

"天问一号"

"天问一号"怎样和地球通讯？

我国在北京、上海、云南、新疆的射电望远镜，通过干涉的方法同时接收"天问一号"发来的信号，传到上海的指挥中心处理，其测量精度等效于一台巨型望远镜，这就是甚长基线干涉（VLBI）技术。"天问一号"飞行路线是预设好的，但在旅行的途中，会受到太阳和其他行星的引力影响，一段时间之后轨道会产生稍许偏差。而VLBI 可以在 1 分钟内观测实时计算出它的精确轨道位置，并把结果传送给北京，一旦发生偏航，立即下达指令进行调整。

这些航天技术对我们的日常生活有益处吗?

答案是肯定的。以美国阿波罗登月计划为例,该工程带动了20世纪六七十年代几乎全部高新技术的发展,产生的影响持续至今。在其催生的3000多项新技术中,有1000多项转为民用。其中,条形码的发明源于方便整理航天计划不计其数的组件;消防服的发明来源于宇航服;太阳镜的发明源于为减少航空飞行中强烈日光对眼睛的伤害;手机和数码相机广泛使用的CMOS有源像素传感器来源于航天技术;登月对时间精确度要求极高,推动了误差极低的石英钟的研制;太阳能电池板最早用于给人造卫星供电;笔记本电脑的发明源于在航天器中需要体积小、功能强的电脑;鼠标的发明源于"阿波罗"计划中,工程师试图用点击控制的方式取代键盘。

各国天文和航天事业在邮票上的体现

中国

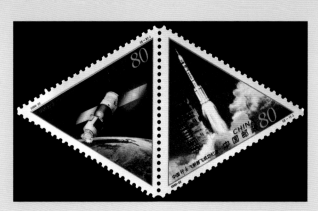

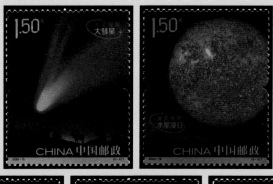

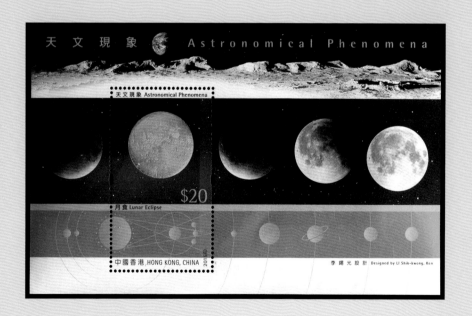

英国

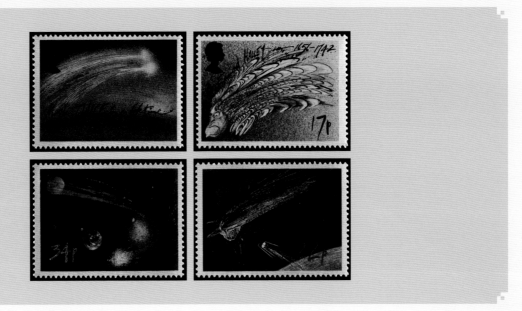

德国

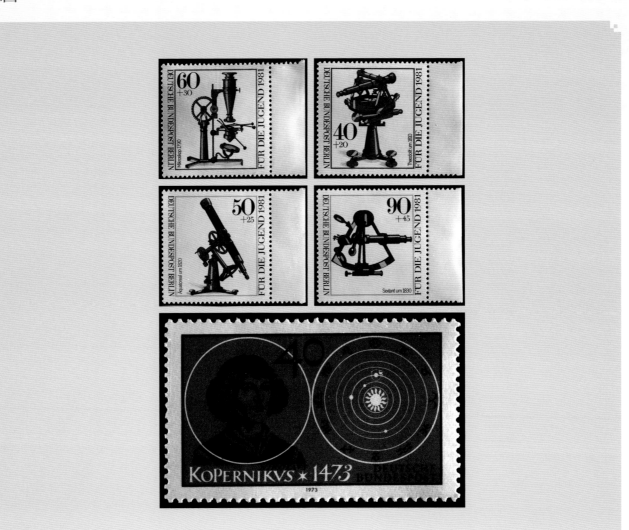

日本天文学会創立100周年
100th Anniversary of
Astronomical Society of Japan

First Day of Issue　　March 21. 2008

丹麦

葡萄牙

圭亚那

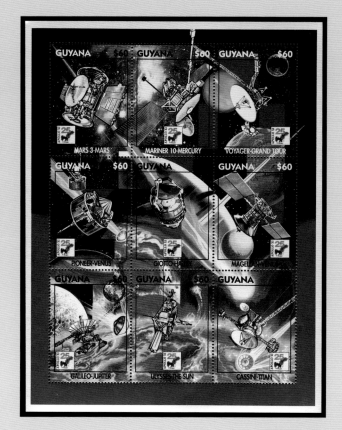

圣马力诺

罗马尼亚

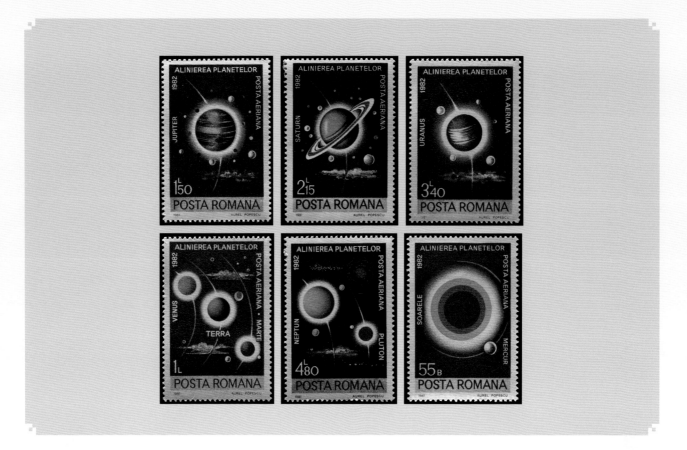

格林纳达

3
天外来客

陨石是从太空进入地球大气烧蚀后的流星残骸。目前，除了人类从月球及小行星上采回的样品外，陨石是人类可直接分析研究的唯一地外物质。它们主要来自于火星和木星之间的小行星带，记录了太阳系的起源和演化，甚至保留了太阳系形成之前来自于其他恒星的"前太阳颗粒"。人们根据对月球和火星成分的探测发现，少量陨石来自于月球和火星。陨石根据成分分为石陨石、铁陨石和石铁陨石三类。

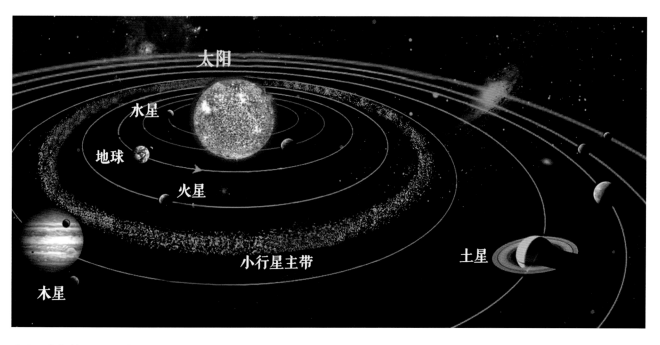

太阳系中的小行星带

月球陨石 NWA4734

北京天文馆藏

2006 年在摩洛哥被发现，重 6.53 克，研究表明其来自月球。月球陨石是小行星撞击月球而溅射出来的岩石，目前已发现 433 块，是月球探测器采集样品的重要补充，对研究月球形成和演化具有重要意义。

火星陨石 NWA6963

北京天文馆藏

2011 年在非洲摩洛哥被发现。同一次坠落的陨石陆续在该地区被发现，为 100—700 克及一些 3—10 克的小碎片，总重量 8—10 千克。本块重303.2 克，表面覆盖黑色熔壳，研究表明它来自火星。

南丹陨石

北京天文馆藏

1516 年（明朝正德年间）6 月降落，现存样品于 1958 年在广西南丹地区被发现。广西河池地区《庆远府志》记载："正德丙子夏五月夜，西北有星陨，长六丈，蜿蜒如龙蛇，闪烁如电，须臾而灭"，这是我国第一次既有实物发现又有文献记载的一场陨石雨。陨石散落在以仁广为中心，东西长约 12 千米，南北宽约 4 千米，面积近 50 平方千米的山坡和河谷地带。共发现数十块较大陨石标本，总重量约 10 吨。本块陨石重 11.37 千克，属于八面体铁陨石。

吉林陨石

北京天文馆藏

1976 年 3 月 8 日，在吉林省吉林市和永吉县及蛟河市近郊降落了一场陨石雨。陨石分布在东西长 72 千米，南北宽 8 千米，近 500 平方千米的范围内，是世界上散落面积最大的石陨石雨。当时共收集到陨石碎块达数千块，总重量超过 4000 千克，其中较大陨石 138 块，最大一块重 1700 千克，这是目前已知的世界上最大的单块石陨石，现保存于吉林市博物馆。本块重 50.4 克，表面覆盖黑色熔壳，属于普通球粒陨石。

库姆塔格沙漠陨石

北京天文馆藏

2008 年在新疆库姆塔格沙漠沙垄附近被发现，表面覆盖黑褐色熔壳，重 4.26 千克，属于普通球粒陨石，是国内首个系统收集了完整现场资料并获得国际命名的发现型沙漠陨石。

信阳陨石

北京天文馆藏

1977 年 12 月 1 日被目击降落于河南信阳，共回收了两块，本块重约 43.38 千克，部分表面覆盖黑色熔壳，属于普通球粒陨石。

石哈河陨石

北京天文馆藏

2006 年 1 月 27 日被目击降落于内蒙古巴彦淖尔市石哈河镇。共回收两块，本块陨石重 5.5 千克，表面覆盖黑色熔壳，可见气印结构，属于普通球粒陨石。

Brenham 橄榄陨铁

北京天文馆藏

1882 年在美国堪萨斯州被发现，7.54 千克（带玻璃罩）。橄榄陨铁属于石铁陨石类型，是由大致相等的铁镍金属和橄榄石组成。

结语

　　人类了解宇宙的过程也是了解地球自身的过程。我们逐渐认识到地球不是太阳系中心，只是绕太阳转的一个行星；太阳也不是银河系中心，只是银河系中千亿个恒星之一；银河系更不是整个宇宙，只是宇宙中千亿个星系之一。地球只是宇宙无数行星中平凡的一个，还是因为能产生仅有的生命而不平凡？答案需待地球人发现地外生命之时才能得知。路漫漫其修远兮，天问之路永无止息。

Conclusion

In the course of understanding the universe, human beings have also come to understand the nature of the Earth. We have gradually realized that the Earth is not the centre of the solar system, but a planet orbiting the Sun; and the Sun is not the centre of the Milky Way, but only one of billions of stars in the galaxy; the Milky Way is not the whole universe, but one of billions of galaxies in the universe. Is the Earth simply another planet among the infinite number thought to exist in the universe, or is it absolutely extraordinary because, to date, it is the only place in the universe known to support life? The answer will only be known when or if extraterrestrial life is discovered. It may be a long time before we can answer this question.

参考文献

[1] 温学诗，吴鑫基 . 观天巨眼：天文望远镜的 400 年 . 北京：商务印书馆，2008.

[2] 伽利略·伽利雷 . 星际信使 . 孙正凡译 . 上海：上海人民出版社，2020.

[3] 米歇尔·霍金斯 . 剑桥插图天文学史 . 江晓原等译 . 济南：山东画报出版社，2003.

[4] King, Henry C. ，*The History of the Telescope*. Mineola. New York:Dover Publications, INC, 2003.

[5] 余三乐 . 望远镜与西风东渐 . 北京：社会科学文献出版社，2013.

[6] 何芳川 . 中外文化交流史 . 北京：国际文化出版公司，2008.

[7] 毛宪民 . 故宫片羽：故宫宫廷文物研究与鉴赏 . 北京：文物出版社 ,2003.

[8] 刘潞主编 . 清宫西洋仪器 . 香港：商务印书馆（香港）有限公司，1998.

[9] 大卫·怀特豪斯 . 玻璃艺术简史 . 杨安琪译 . 北京：中国友谊出版公司，2016.

[10] 让 - 马克·博奈 - 比多 .4000 年中国天文史 . 李亮译 . 北京：中信出版集团，2020.

[11] 埃琳娜·帕西瓦迪 . 星图：通往天空的旅程 . 金丹青译 . 武汉：华中科技大学出版社，2019.

[12] 安妮·鲁尼 . 天文学的故事 . 胡晓如译 . 武汉：华中科技大学出版社，2018.

[13] 杜昇云等主编 . 中国古代天文学的转轨与近代天文学 . 北京：中国科学技术出版社，2009.

[14] 李元主编 . 通往宇宙的窗口：走进世界著名天文馆和天文台 . 北京：人民邮电出版社，2017.

[15] 江晓原，钮卫星 . 天文西学东渐集 . 上海：上海书店出版社，2001.

[16] 冯时 . 中国古代的天文与人文 . 北京：中国社会科学出版社，2006.

[17] 邱靖嘉 . 天地之间：天文分野的历史学研究 . 北京：中华书局，2020.

展览总结

另辟蹊径讲好天文故事

——"眼界——人类观天手段之沿革"展览的策划 *

Telling Astronomy Stories in Another Way

The Curation of the Exhibition of "Horizons—the Evolution of Astronomical Observations "

李百乐 *

深圳博物馆

[摘要] 2021 年暑期在深圳博物馆举办的"眼界——人类观天手段之沿革"展览是我国首个讲述人类观天手段演化的大型展览，也是我国大规模展出西方古董望远镜的展览。该展览通过展示浑仪复制品、西方古董望远镜及"嫦娥五号"带回的月壤等展品，讲述了人类观天手段从裸眼到使用望远镜到太空观测的发展过程及在此过程中人类对宇宙认知的变化。本文分享了展览在内容策划方面的特色、展览的效果及对展览的进一步思考。

[关键词] 天文展览　展览策划　月壤　西方古董望远镜　天文学史

Abstract: The Exhibition of "Horizons — the Evolution of Astronomical Observations " held in Shenzhen Museum in the summer of 2021 is the first big exhibition of China showing the evolution of the way of humanity observing the heavens, and it is also a big exhibition of China displaying western antique telescopes. The exhibition showcases a replica of an armillary sphere, western antique telescopes, a sample of lunar soil collected by Chang'e-5, etc., telling the story of the development of humanity observing the heavens by the naked eye, using telescopes and space probes, and how our understanding of the universe has grown and grown during this amazing journey. This paper shares the characteristics on content design of the exhibition, the reflections of audience and our further consideration on the exhibition.

Keywords: astronomy exhibitions, exhibition curation, lunar soil, western antique telescopes, history of astronomy

* 本文为 2020 年深圳市人力资源和社会保障局出站留（来）深博士后科研资助项目"天文望远镜发展史"的成果之一。

* 作者简介：李百乐（1983—），美国范德堡大学天体物理学博士，研究方向为天文学和天文学史，E-mail: li_baile@163.com。

引子

我国天文类的博物馆非常少，香港[1]、澳门[2]和台湾地区[3]有一些，大陆仅有北京天文馆和最近刚建成开放的上海天文馆，天文遗址类博物馆有上海天文博物馆和南京天文历史博物馆。一些科技馆中陈列有少量天文展项[4]。虽然天文场馆数量少，但是大众对天文内容的需求却不小。2019年深圳博物馆联合深圳市天文台举办了"聆听宇宙"系列天文讲座，受到了深圳市民的热情欢迎。深圳博物馆和深圳市建筑工务署在2020年2月，对正在筹建中的深圳"新时代十大文化设施"之一的深圳自然博物馆进行的观众调查显示，在1471份有效问卷中，对最希望自然博物馆常设哪些主题内容这个问题，在12个选项中，40.4%的观众选择了宇宙万象（即天文展厅），仅次于生命进化（43.4%），位列第二。29%的观众选择了大众天文台，位列第四。值得注意的是，18岁以下青少年最喜欢的常设主题内容为大众天文台，选择率为50%。从调查中我们也可以看出，大众对于天文内容和天文场馆的需求[5]。在目前天文固定展馆不足的条件下，举办天文类的临时展览就成了天文科普的重要方式。

由深圳博物馆、中国国家博物馆、北京天文馆和上海科技馆联合主办的"眼界——人类观天手段之沿革"展览（下简称眼界展）于2021年6月11日到2021年9月12日在深圳博物馆展出。展览展出了100克"嫦娥五号"带回的月壤、浑仪复制品、火星陨石、月球陨石、天文古籍、邮票及来自英、法、德、美、荷兰、奥地利等国的40余架18世纪以来的古董望远镜等文物，讲述人类观天手段从裸眼到使用望远镜到太空观测的发展过程及在此过程中人类对宇宙认知的变化。本展览是国内首个讲述人类观天手段演化的大型展览，也是我国大规模展出西方古董望远镜的展览。展览的明星展品——100克"嫦娥五号"带回的月壤更是为展览增色不少。该展览在深圳市及广东省内引起了广泛和积极的反响，人民网、人民日报客户端、新华网客户端、深圳卫视、深圳特区报、深圳商报、广州日报、晶报、喜马拉雅等十余家媒体及平台都对展览做了报道。作为该展览的内容主创，我想在此总结一下展览策划中的经验及不足，以便以后更好地做好天文方面的展览。

一、展览框架

下表列出了眼界展的展览框架，以便没有参观过该展的读者可以对展览有所了解。该展览的虚拟展厅的链接为 https://www.shenzhenmuseum.com/v/20210629-yj/。

"眼界——人类观天手段之沿革"展览

单元 / 小节名称	内容	展品 / 展项
一、目之所及	望远镜发明以前人类裸眼观天的成就及天文对文化、政治的影响	
1.1 意象	古人对太阳和星空的崇拜在生活中的体现	西水坡 45 号墓葬局部复制品、天坛祈年殿动画视频等
1.2 星座	古代西方星座及东方星宿	隋朝"玉匣"四神纹铜镜、东西方星空对比多媒体触屏互动展项、敦煌卷子星图复制品等
1.3 精度	古代东西方天文仪器及天文台	浑仪复制品、简仪复制品、北京古观象台局部微缩模型、河南登封元代观星台微缩模型、圭表复制品、牵星板复制品、水运仪象台多媒体触屏互动展项等
1.4 预测	古人根据观测制定历法及占卜	含卜辞的商代甲骨复制品、《授时历》等天文古籍、武王伐纣场景、二十四节气场景等
二、善假于物	望远镜的发明和发展史及人类眼界随之扩大的过程	
2.1 横空出世	折射望远镜的发明	手持古董折射望远镜等
2.2 另辟蹊径	反射望远镜的发明	台式古董反射望远镜等
2.3 峰回路转	折射望远镜的改进	台式及立式古董折射望远镜等
2.4 大势所趋	反射望远镜成为现代大型望远镜的主流	立式古董反射望远镜、斯隆数字巡天观测盘等
2.5 西学东渐	望远镜从西方传入我国明朝	清代鼻烟壶、古籍等
三、不畏浮云	人类在全电磁波段的观测、太空探测及穿过大气层到达地面的陨石	
3.1 一览无余	人类在全电磁波段都发明了相应的望远镜,重点讲述我国"天眼""慧眼"等望远镜	世界各国天文邮票一百余张（含各国天文台及望远镜等）
3.2 地外探天	人类的太空探测及其为日常生活带来的改变,重点讲述我国"嫦娥工程""天问一号"等	"嫦娥五号"带回的月壤、"神舟五号"返回舱烧蚀底碎片、航天科技民用产品如笔记本电脑及消防服等
3.3 天外来客	研究陨石的意义及陨石的来源	火星陨石、月球陨石等

在单元之间的连廊处,展示了向大众及深圳市天文台征集的世界各地的天文摄影作品约 50 幅

二、展览在内容策划方面的特色

1. 展览主线的选择

天文学的研究对象——天体,除了陨石等,都在太空中,人类通过观测它们发出的光来研究它们,因此天文学无法像动物、植物、矿物、古生物等学科那样,采集研究对象的标本,置于展厅中展示,这给天文展览的展示形式增加了难度。天文展览一般以介绍天体知识本身为主,以搭建大场景及多媒体互动等手段营造身临其境的氛围感,但是所需经费很可观,所以此类展览比较少。在经费不充足的条件下,一些天文展览仅以图片展呈现或配以少量模型,其观感和互动感都不是很理想。

眼界展则另辟蹊径地选择了以观天手段即观天仪器的发展演变为主线,讲述了在此过程中人类的眼界逐渐扩大的过程。这样天文学展览缺乏展品的问题就得到了一定程度的解决。眼界展主线呈现的展品为浑仪复制品、简仪复制品、西方古董望远镜(图1)等,从以天体知识为主线变到以器物发展为主线,从科学展览变为科学史展览,副线是人类对宇宙认知的变化。这两条线恰恰是一致的,因为天文学的发展史就是望远镜的发展史。这也是天文学的特点,与其他学科不同,如对于动物分类学和植物分类学,科学家们现在仍然可以用几百年前的方法,去野外发现新的物种来研究,但是对于天文学来讲,没有更大更先进的望远镜就无法看得更远,从而无法有更新的发现。天文学的发展史就是对"工欲善其事,必先利其器"最好的诠释。

图1 西方古董望远镜(北京天文馆藏)

2. 展览的融合性和时效性

在临时展览当中,天文和航天内容通常不会一起出现[6]。如前所述,传统的天文展通常以介绍天文知识为主,航天展则通常以展示火箭、探测器等模型来介绍航天发展史为主。虽然本质上来说,天文学是研究宇宙的起源和演化的学科,其本身更强调科学认知,而航天是研究人类怎样到达外太空及地球附近天体的,其本身更强调技术应用,在学科划分上,它们属于两个学科,但是其共性都是认识太空,对于观众来说,可能壁垒不需要那么分明。而且在前一年(2020年)筹备展览的时候,我们就注意到2021年将是我国航天大年。2021年4月"天宫"空间站核心舱"天和"将要发射,5月"天问一号"预计登陆火星。

同时因为2020年12月"嫦娥五号"带回了月壤，2021年部分月壤可能会展出。所以，我们在展览的第三单元都体现了这些热点内容，而且眼界展览在我馆的排期为暑期——6月11日至9月12日，刚好是这些航天大事件还引起人们关注的时候，这个时候的科普宣传效果应该较好。从开展后观众的反应来看，大家对这部分内容还是非常感兴趣的。观众尤其感兴趣的是月壤（图2），媒体对月壤的宣传也比较多，体现了明星展品使展览的关注度得到的提升。

3. 展览的爱国主义教育

自然科学类的展览在宣传自然知识、弘扬

图2 "嫦娥五号"带回的月壤（中国国家博物馆藏）

人类探索精神以外，也可以激发人们的爱国主义热情，这一点要求该国家在此领域有较多领先的原创性成果，现在我国也逐渐有了这样的条件。中国古代在历法及天文仪器方面是世界领先的，所以我们在第一单元展示了《授时历》等天文古籍及水运仪象台多媒体触摸屏互动装置等。我们在第三单元以我国为例介绍了人类的地外探天。我国的航天技术虽然起步晚，但起点高，我国在探月工程及火星探测工程方面已经走在了世界前列，如我国是世界上第三个可以取到月壤的国家，是世界上第二个探测器成功登陆火星并可以继续工作的国家。从媒体对展览的采访中，也可以看到这些内容提振了观众的民族自豪感和自信心。

4. 展览的在地性

一个展览的在地性可以增加观众与展览的联结。为了体现眼界展的在地性，我们从展览内容和展品的角度进行了挖掘。展览对广东省在地性的体现：①望远镜在明朝末期被西方传教士是从广东口岸带入我国大陆；②广州海关税则规定多种进口货物的关税比照千里镜的税率计算，如"风琴：每架大者比千里镜一个，小者两架比千里镜一个，每个四钱"，说明当时望远镜已经成为进口数量比较多的大宗商品了；③广东学海堂的创办者、道光年间两广总督阮元曾这样赞美望远镜："能令人见目不能见之物，其为用甚博，而以之测量七曜为尤密"。展览对深圳市在地性的体现是，我馆向大众及深圳市天文台征集了大量深圳市民在世界各地拍摄的天文照片，选用了约50幅在单元中间的连廊处展示，同时也作为我馆天文摄影的藏品。展览对深圳博物馆在地性的体现为以下两点。①在第二单元介绍大型反射式望远镜的部分,展示了斯隆数字巡天观测盘(图3)。该项目是世界上最大的巡天项目,也是目前科学产出最多的天文观测项目。该项目拍摄

图3　斯隆数字巡天项目观测盘(深圳博物馆藏)

了两亿个以上星系的图像,获得了其中三百万个以上星系的光谱数据,绘制了宇宙的三维地图,其观测到最远的星系在百亿光年以外。该观测盘目前在我国只有我馆有馆藏。②充分利用我馆馆藏《授时历》《远镜说》等天文古籍及清代鼻烟壶等展示相关内容。

5. 展览的亲民性

人们通常觉得天文和航天离日常生活非常遥远。为了拉近展览和观众的距离,我们在航天部分特地增加了介绍航天技术与日常生活关系的板块。我们生活中的笔记本电脑、太阳镜、方便面中的脱水蔬菜包、消防服、石英钟、鼠标、无线耳机等产品的发明,开始都是为了满足航空需要,后来才走向民用的,如笔记本电脑的发明源于在航天器中需要体积小、功能强的电脑。这部分展出的展品虽然很普通,但是观众表示没有想到航天科技就在我们身边。此外,在这部分,我们还展示了世界各国的天文及航天邮票,受到了集邮爱好者的欢迎。

6. 展览的互动性

展览的第一单元设置了若干机械互动及多媒体触摸屏互动(图4、5、6),这些展项来源于合作单位上海科技馆。互动展项在科技类展馆的展览中是比较普遍的,但是在以文博类见长的博物馆中是不多见的,这也是深圳博物馆第一次有机械和多媒体互动展项的临时展览。这些互动展项吸引了大量儿童驻足,为展览增添了很多趣味性。

 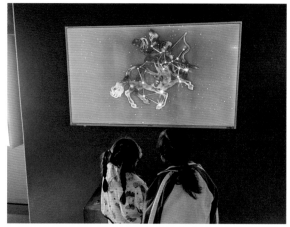

图4 二十八星宿机械互动展项(上海科技馆)　　　　图5 东西方星空对比多媒体互动展项(上海科技馆)

图6 东西方星空对比机械互动展项(上海科技馆)

7. 展览的语言

展览的语言较为简洁易懂,单元板和小节板都在三四句话以内,展览标题和各章节标题也都经过精心设计。展览的标题原来拟定为"欲穷千里目",后改为"眼界",这个题目更凝练。第三单元标题用"不畏浮云",也是取"不畏浮云遮望眼,自缘身在最高层"之意,体现了太空望远镜不受大气层干扰的优势,同时"不畏浮云"能把射电望远镜、太空探测、陨石等都涵盖住,因为陨石经受住了大气层对它们的考验,在下降过程中没有完全燃烧掉,有残骸降落在地球上,所以也是不畏浮云。

三、展览的效果

在做观众调查问卷之前,我们对一些现场观众进行了较深入的访谈,每组十分钟到二十分钟,其中有经常观看各种展览的深圳本地大学心理学专业学生、到每个地方都经常去参观当地博物馆的海南金融业职员、大同博物馆职员、广东省博物馆职员、深圳博物馆职员、深圳本地儿童及家长等。观众观展后,主要有几个方面的反馈。①大家普遍反映眼界展览内容丰富,资料广博。②大部分小朋友最喜欢第一单元古代天文部分,因为互动较多;成年人最喜欢的部分是比较分散的,最喜欢哪个单元的都有,跟个人背景及爱好有关。③对第一单元古代文物复制品的看法不一,一些观众觉得复制品只要复制得和真品很像是不影响观感的,可同样起到了解相关知识的作用;而一些观众认为博物馆中的复制品会影响展览品质。④观众普遍反映对浑仪、简仪和望远镜的使用方法非常想了解,希望能亲自体验一下。⑤观众对一些展品如"神州五号"烧蚀底碎片等想多了解一些,希望展览可以在说明牌上留有二维码,便于扫码获得更多信息。⑥经常观看展览的观众还对展陈形式提出了建议,如可以改进展陈设计,使得展览的三个部分风格更有一致性。⑦大纲的每一处语言上的亲民设计都有观众会注意到。⑧观众了解该展览的渠道也不一,有通过公众号了解的,有偶然路过博物馆的,还有从亲友处得知的,很有趣的是,一个四岁小女孩的家长是应孩子要求过来参观的,孩子是从幼儿园同学处得知该展览的。接下来我馆主页将上线虚拟展厅和策展人导赏视频,使得没能来现场的观众也可以进行线上观展。同时,我们将根据观众在深度访谈中体现的方面,做线上的观众调查。

四、展览的更多思考

结合展览从大纲落地的过程和从观众得到的反馈,我们得到至少以下几点思考。①展览的空间设计及平面设计与内容的关系:受限于展厅本身的物理局限,第一单元有些展品的摆放和其在大纲中出现的位置是不一致的,这种小范围的不一致会不会影响观众的理解,或者说怎样的形式设计更有利于观众理解展览。②怎样平衡文物保护和人与展品互动的关系:如上所述,观众对古代天文仪器包括望远镜等都很好奇,想进一步体验使用方法,但是大量接触尤其未经指导的情况下,很容易使文物遭到破坏。我们在想是否可以在做教育活动时,在有工作人员指导下及观众参与人数有限的情况下,适当增强观众的体验感。这样可以两者兼顾。③怎样使观众相信天文学所得到的结果:一些观众对天文学所能观测到极为遥远的天体并对其进行研究,感到不可思议。我们设想未来可以带领大众做一些天文学史的项目,比如哪些科技极大地促进了天文学的发展,让大家可以理解天文学上的哪些知识是有相对非常稳固的地位的,哪些知识是有待于进一步探索的。这也让我们想到了接下来的一点。④怎样引导观众对天文学的未知领域进行探索:目前我国博物馆展览中大多展示学科内达成共识的知识,对有争议的点介绍不多,但是这些点恰恰是当下或未来需要研究的,博物馆有义务让大众了解目前各学科的发展方向,这样才容易吸引青少年投身其中,相当于让更多的大脑更早地加入到攻克难关的事业中来,这样会释放出社会中更多的脑力,有利于加速社会发展。

五、结语

深圳博物馆于2021年暑期展出的眼界展览讲述了人类观天手段从裸眼到使用望远镜到太空观测的发展过程及在此过程中人类对宇宙认知的变化。该展览是我国首个讲述人类观天手段演化的大型展览,也是我国大规模展出西方古董望远镜的展览。其之所以可以有较为丰富的展品展项,与合作单位中国国家博物馆、北京天文馆与上海科技馆的大力支持是分不开的。我们会积累此次办展的经验,改进不足之处,继续讲好天文故事。

参考文献

[1] 叶赐权,周剑锋.香港博物馆普及天文学的回顾与前瞻[J].紫金山天文台台刊,2003,(01):118-124.

[2] 叶影.澳门科学馆:科学与艺术交相辉映[J].科学24小时,2020,No.368(05):53-54.

[3] 赵世英.蓬勃发展的台湾博物馆建设[J].天文爱好者,1999,(01):16-18.

[4] 杨岭.科技博物馆天文专题多媒体展示的应用与探索[J].自然博物,2016,v.3(00):50-54.

[5] 胡考尚,刘秋果.天文类博物馆在科普教育中的地位和作用[J].文物春秋,2005,(01):52-54.

[6] 王晓宇.从不同角度讲述宇宙探索的故事——美国三个博物馆展示内容和叙事结构对比[J].自然科学博物馆研究,2017,v.2(02):71-79.

[7] 陈颖,土晨,施犨,林芳芳,孟冉.建构未来科普类博物馆多维度体验——上海天文馆观众参观体验策略设计[J].工业设计研究,2018,(00):307-315.

(本文原载于《科学教育与博物馆》2021年第5期)